DNA複製の謎に迫る

正確さといい加減さが共存する不思議ワールド

武村政春　著

ブルーバックス

カバー装幀／芦澤泰偉・児崎雅淑
カバーイラスト／井沢洋二
本文イラスト／永美ハルオ
目次・本文デザイン／菅田みはる
図版製作／さくら工芸社
編集協力／フレア(株)、難波美帆

はじめに

DNAという言葉は今やほとんど流行語である。だれでも一度は耳にしたことがあるこのDNAが、遺伝子の本体であることが広く知られる時代になった。

ところがこのDNA、細胞の中でどうやって複製され、次の世代へと伝わっていくのか、その過程についてはあまり話題にのぼらない。高校の教科書にも、説明らしい説明は見あたらない。

「DNAの複製って完全なコピーでしょ?」

漠然とそう思い込んでおられる方も多いだろう。

そもそも「複製」という言葉そのものに「同じものをつくる」という意味合いがあるのだから、そう思われるのもしかたがない。これまでDNAの複製があまりトピックにならなかったのは、その発せられるイメージによって、DNAは不変のもの、複製によってまったく同じものがくり返しつくられるという間違った考え方が世間一般に浸透してきたからではないだろうか。

たしかに、DNAの複製は驚くべき正確さで行われる。六〇億個もの文字(塩基)からなる膨大な量のＤＮＡのほとんどが、正確に複製されると思われている。

しかしながら、ＤＮＡは神でもなければ精確な設計図でもない。それどころか、複製されたときには、ほぼ確実に「どこか」で間違いもしくは変化が起こっているのである。

ＤＮＡは四種類の文字（Ａ、Ｇ、Ｃ、Ｔ）のとてつもなく長い文字列だ。ＡとＴ、ＧとＣがペアになった「二重らせん」構造をしており、複製されるときには二重らせんが二本に分かれ、それぞれにまた同じペアが構成されていく。だから、きわめて正確に複製することができるのである。

ところが、「きわめて正確に」ということは、「完全に正確」というわけではない。

たとえば、ＤＮＡの複製装置たるタンパク質「ＤＮＡポリメラーゼ」。

ＤＮＡポリメラーゼは、一〇万回に一回という高頻度で複製の誤り（複製エラー）を引き起こすことが知られている。つまり一〇万字を複製すると、そのうち一文字程度は間違ってしまうのだ。単純計算すると、一回のＤＮＡ複製で、六万字も誤って複製されてしまうことになる。正確だと思われていたＤＮＡ複製には、こうした不正確さ、いい加減さが共存しているのだ。

だが、ＤＮＡの複製というきわめて重要な行為が、果たしてそのようないい加減さを含むものであっていいのだろうか。もしそうなら、体中にがん細胞ができてしまうのではないか？　あるいは親とまったく似ても似つかぬ子が生まれてしまうのではないか？

もちろん複製エラーも、野放しにされているわけではない。私たち哺乳類ではＤＮＡポリメラーゼだけでも一五種類のものが知られ、巧妙な役割分担を行っている。その他にもさまざまなタンパク質がこれに関わって、ＤＮＡ複製を少しでも完全なものに近づけようと努力している。

一体どのように？　そしてＤＮＡ複製とは一体どういう反応なのだろうか？

その謎を探る旅を、これから読者のみなさんと一緒に始めたいと思う。これによりＤＮＡ複製の不完全ゆえの重要さ、面白さに触れていただき、不可思議な複製ワールドを体験して、その奥の深さを実感していただけることを切に願っている。

ちょっと変わった視点から、ＤＮＡを眺めてみようではありませんか。

DNA複製の謎に迫る

●目次

第2章 DNAポリメラーゼはいかにはたらくか
～驚くべき正確さ～

第3章 DNAポリメラーゼはいかに間違うか
～驚くべきいい加減さ～

第4章 片足を上げるDNA ～DNA複製の全体像～

第5章 複製はこうして終わる ～残された謎、そして憂鬱なテロメア～

第6章　複製外伝
～いろいろな複製様式～

第１章

複製はこうして始まる

〜華やかなる
細胞内シンクロ〜

細長いもの

人間の体の中にある細長いもの、といわれて、みなさんは何を思い浮かべるだろうか。「小腸」と答える人は多いだろう。小腸は私たちの腹部に複雑に折れ曲がって存在し、ぐんと引き伸ばせば五メートルから六メートルの長さになる。人間の場合、およそ身長は二メートル以内であることを考えると、たしかに小腸は「細長い」部類に入る。

では「血管」はどうだろうか。私たちの体には、隅から隅まで血液が供給されるように、網目のように細い血管がはりめぐらされている。一人の人間がもっている毛細血管をすべて一本につなぐと、およそ九万キロメートル、すなわち地球を二周とちょっと回るほどの長さになる。ここまでくるとかなり驚くべき数値である。

お気づきだと思うが、ここに挙げた実例においては、小腸よりも血管のほうが、その直径が小さい。つまり直径が小さくなるとともに、その長さが伸長している。それではもっと小さな物質の中に、もっと長いものが存在するのではないだろうか。そう、私たちの体の中には、毛細血管よりもはるかに長い「物質」が存在している。それが本書の主役の一つ、「DNA」である。

私たちの体に含まれる一二〇兆メートルの分子

すぐさま「遺伝子」という言葉が連想されるこのDNAという分子は、私たちの体を構成する

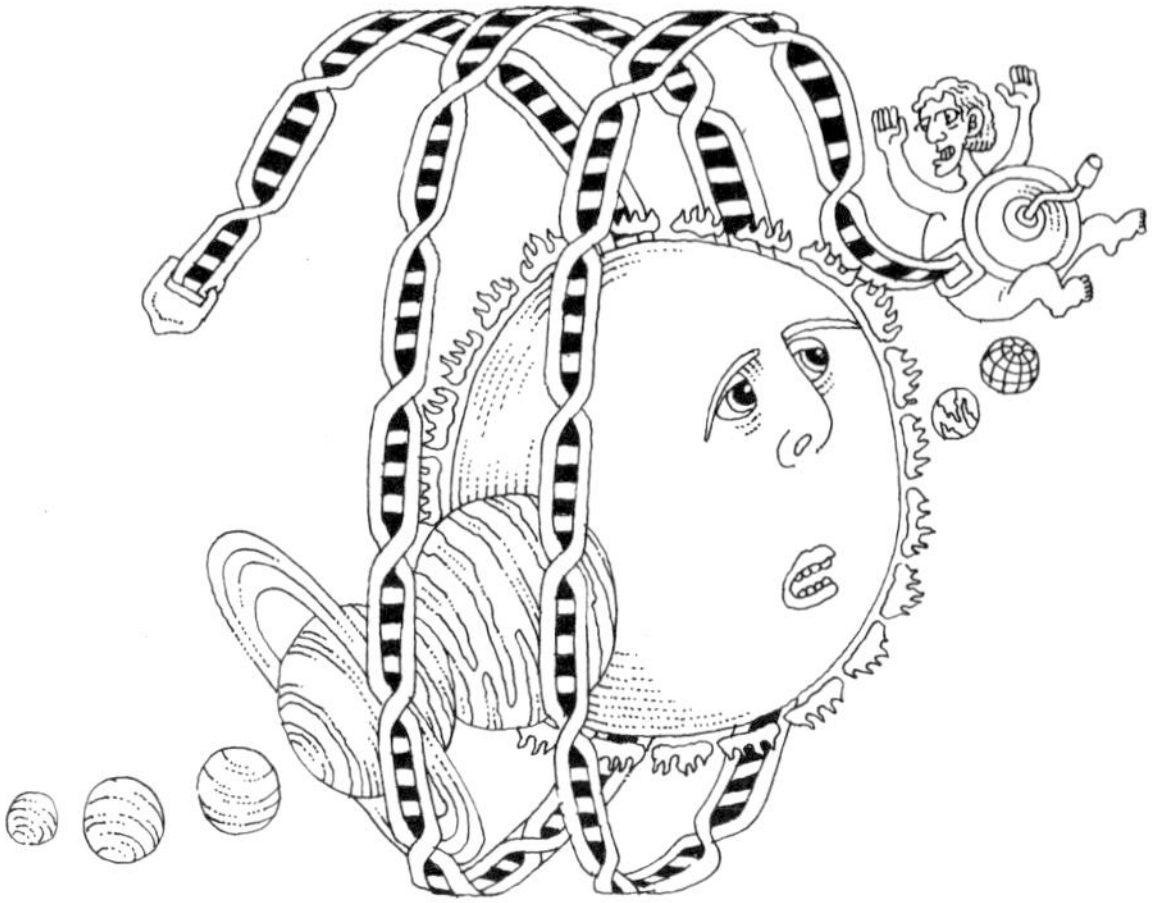

太陽系を2回以上くくれるDNAの紐

ほとんどすべての細胞に存在する、きわめて細長い分子である。

どれくらい長いかといえば、一本一本のDNAの平均は、およそ四・三センチメートル。ほぼ親指と同じ長さである。一個の細胞には四六本のDNAがあるので、それらをすべてつなげるとおよそ二メートルにもなる。

さらに人間は、六〇兆個もの細胞からできているから、単純計算で合計一二〇兆メートルものDNAが、一人の人間の体に存在していることになる。

ちょっと想像がつきにくいかもしれないが、一二〇兆メートルは、一二〇〇億キロメートル、すなわち地球を三〇〇万周するほどの長さだ。ちなみに太陽系の直径はおよそ一五〇億キロメートルである。一人の人間の体からDNAだけをとり出して一本につなげば、太陽系を二回以上くくることができる紐（ひも）となる。もはやその長さを感覚的に想像することすら困難となるであろう。

秒速一九〇キロメートル？

ＤＮＡの最大の特徴は、「複製」するという性質にある。

この長大な分子は、細胞が生きていくうえで必要な「タンパク質」をつくる基になる情報をもっている。たくさんの種類のタンパク質が細胞のさまざまな機能を担っているので、その情報をもつＤＮＡは、細胞の中に常に存在している必要がある（赤血球などの例外はあるが）。そのため、細胞が増殖するたびに、細胞の中のＤＮＡも「増殖」し、細胞から細胞へと受け継がれていかなければならない。このＤＮＡの増殖過程を、私たちは「ＤＮＡ複製」と呼んでいる。

私たちの体が、たった一個の受精卵から六〇兆個の細胞へと増殖するあいだ、いったい何回ＤＮＡ複製が行われたかを計算してみよう。

一個の受精卵から二個になるときは一回、二個が四個になるときは二回、というふうに計算していくと、三〇兆個が六〇兆個になるときには三〇兆回のＤＮＡ複製が行われることになり、ざっと計算して六〇兆回弱（六〇兆マイナス一回）のＤＮＡ複製が行われたことになる。累積すると合計約一二〇兆メートル、すなわち私たち一人一人がもつＤＮＡの合計の長さとほぼ同じ、太陽系を二回以上くくれるほどの長さのＤＮＡが複製されたわけだ。

二〇歳になるまで、すなわち二〇年で一二〇兆メートルのＤＮＡが複製されたとして、これを平均して時間で割ると、一秒間で約一九〇キロメートルのＤＮＡが複製された計算になる。実際には胎生期に体の大部分は完成するので、もっと速いスピードになるかもしれない。

また実際には、体中の無数の場所で同時に複製が行われるので、毎秒一九〇キロメートルという超音速でＤＮＡ複製が行われるわけではないが、私たちの体は、成人した後でも心臓など一部を除いて常に細胞が入れ替わっており、膨大な長さのＤＮＡが毎日のように複製されていることには変わりない。

一体どのようなメカニズムで、このような膨大な長さのＤＮＡが複製されるのだろうか。ＤＮＡ複製とはそもそもどういう現象なのだろうか。

それを知るためにまず、ＤＮＡがどのような構造をしているか、そこから話を進めていくことにしよう。

芸術的な構造と機能の発見

複製する性質をもつＤＮＡは、一九五三年、はじめてその分子構造が明らかにされた。

この年、権威ある科学誌『ネイチャー』に発表されたわずか一ページ半の論文によって、それ

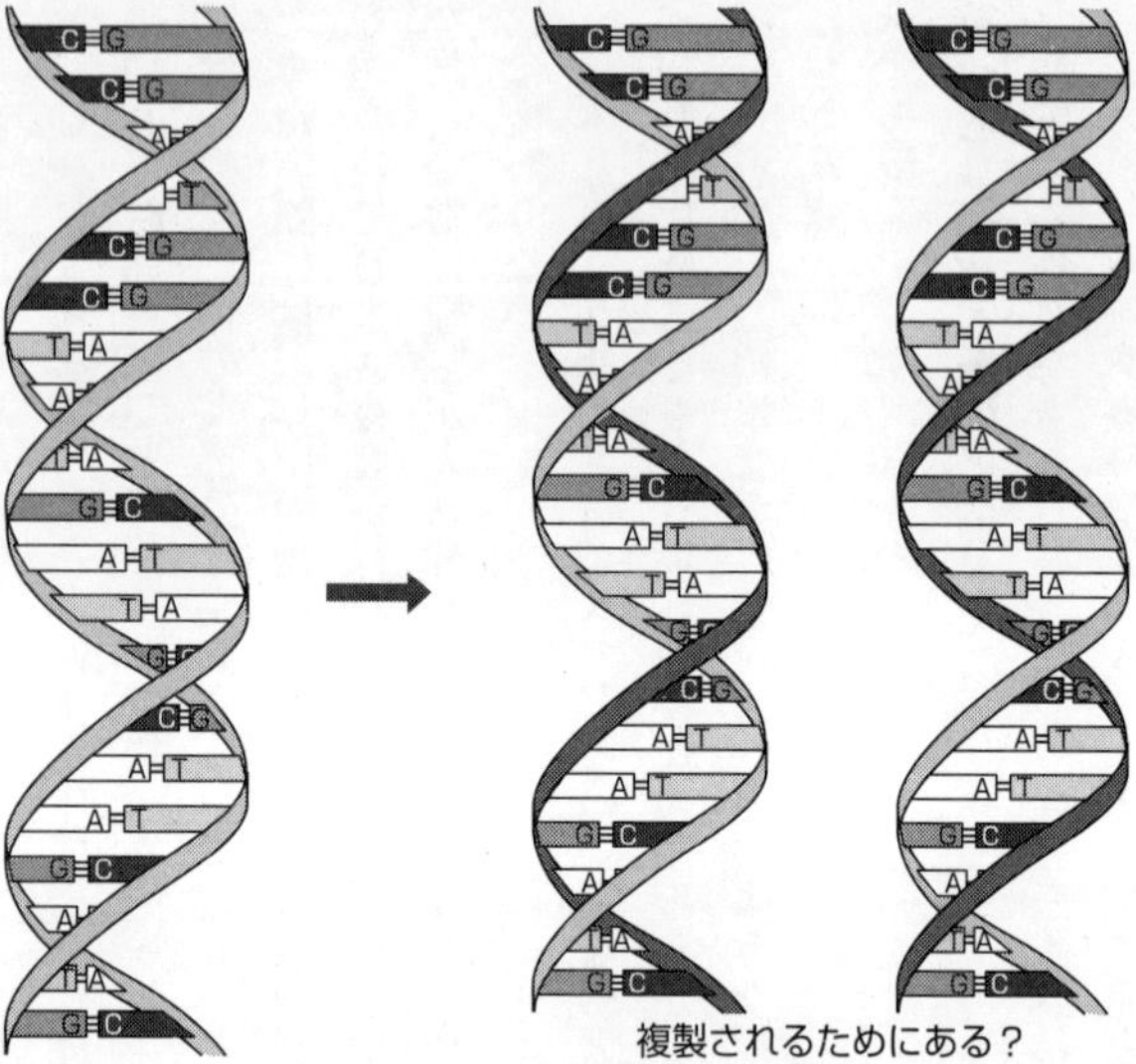

図1-1　DNA二重らせん構造

まで存在だけが認められ、物質としての構造がわかっていなかったＤＮＡに、構造とともに芸術的な「美しさ」がもたらされたのである。発表者はジェームズ・ワトソンとフランシス・クリック。前者は後に生命科学の啓蒙家、後者は脳と心、意識の研究者として、それぞれ別の研究人生を歩むことになる米英の若き科学者であった。

　このとき明らかとなったのは、ＤＮＡが、二本の細長い分子が向かい合って結合し、あたかもらせん階段であるかのような「二重らせん構造」をとっていることであった。その階段をつくりあげているＡ、Ｇ、Ｃ、Ｔという四種類の塩基は、お互いに「決まった相手」と結合する。

まるで複製するためにあるような構造であったのだ（図1‐1）。

古来より、親と子がどうして似るか、その原因についてはさまざまな説が飛び交っていた。細胞の核の中にある染色体が、親から子へと遺伝情報を伝える物質であることは二〇世紀前半にはすでにわかっていたのだが、その実体についてはわかっておらず、著名な物理学者エルヴィン・シュレーディンガーでさえ、その有名な著書『生命とは何か』の中で、「遺伝子はおそらく一個の大きなタンパク分子」と述べている（岡小天他訳、岩波新書、一九七五年より）。

二〇世紀中頃になってようやく、ＤＮＡが遺伝情報を担う物質であることがエイヴリーらによる形質転換実験、ハーシーとチェイスによるトレーサー実験などにより明らかとなり、やがてその遺伝メカニズムの謎が、二人の若者によって簡単に氷解したのであった。彼らはＤＮＡが二重らせん構造を呈し、複製によって同じ分子をつくることができる性質をもっていることを発見したのだ。それこそが、親と子がよく似るゆえんだったのである。

ＤＮＡ複製に関する国際ミーティングの一つが、二年に一度、そのジェームズ・ワトソンが所長を務めていた米国コールド・スプリング・ハーバー研究所で開かれている。研究所の中心にある事務局と中央ホールを兼ねる建物のロビーには、その完璧さを誇示するかのように、ＤＮＡの二重らせん構造が美しい金色の重厚な姿を見せている（図1‐2）。

このＤＮＡ模型はあくまでも単純化したモデルにすぎないが、その機能を説明するうえではま

図1-2　金色の二重らせん。左から筆者、水野武博士（理化学研究所）、水品善之博士（神戸学院大学）

ったく支障はない。支障はないのだが、DNAは自分の力だけでは複製することができない、ということをついつい忘れがちになる。

じつはDNA模型にくっついて、主役がもう一人いなくてはならない。それが、「DNAポリメラーゼ」と呼ばれるDNAを複製するタンパク質である。DNAがヒーローだとすれば、DNAポリメラーゼはヒロインなのである。

このヒロインが発見されたのは一九五六年のことだ。

この年、米国の生化学者、アーサー・コーンバーグの研究グループが、大腸菌からDNAポリメラーゼを純粋にとり出すことに成功した。

DNAとDNAポリメラーゼ。

本書の主役は、この二つの物質だ。DNA複製という大イベントの主役を担うこの二つの物質が、私たちに途方もなく正確で、かつ途方もなくいい加減な分子の振る舞いを見せてくれるのだ。

DNAとは何か

身の回りには、アルファベット三文字の略語がたくさんある。多くの三文字略語がすでに日本語の一部に組み込まれ、私たちは何のためらいもなく、また何の違和感を感じることもなく使用している。

たとえばUCC。いわずと知れたコーヒー会社の名前である。「ユー・シー・シー」と発音するだけで、コーヒー好きの筆者などはすぐさま、かつて名古屋へ通勤していた折に電車の中で飲んだ温かい缶コーヒーのあの匂いを連想する。少なくとも分子生物学を研究する者だったら真っ先にアミノ酸の「セリン」を連想すべきだという声は、この際無視していいだろう。

その他にもWHOは世界保健機関、GNPは国民総生産、USAはアメリカ合衆国、NHKは日本放送協会という具合に、挙げていけばきりがない。

そして本書の主役の一つ、DNA。「ディー・エヌ・エー」と発音するだけで、ほとんどの人間は「何か」を連想するだろう。果たしていったい何を思い描くだろうか。遺伝子、設計図、細胞、そしてなかには「神」を連想する人もいるかもしれない。

しかしその実体を正確に思い描ける人は、果たしてどれほどいるだろうか。専門家ですら、その実体はわからないことだらけなのだ。

DNAとは、果たしてどういう物質なのだろうか。

いうまでもなくそれは、「デオキシリボ核酸」という言葉の略称である。「ディー・エヌ・エー」という発音からはイメージが湧きにくいが、「デオキシリボカクサン」といわれると、ああ化学物質かと納得されるだろう。「デオキシ」というのは「酸素が抜けた」という意味であり、また「リボ」とは糖の一種の略称であり、「核酸」とは細胞の核にある酸性物質という意味である。「酸素が抜けた糖を含む核の酸性物質」といわれても、わけがわからないだろう。とにかく単なる酸性物質、これがDNAの本当の姿である。これをまず頭に入れておいていただきたい。

右手でつながった二本の列

さて先ほども述べたが、DNAは、いわゆる「二重らせん構造」を形成する細長い分子である。DNAは、「ヌクレオチド」と呼ばれる低分子物質がブロックのようにたくさんつながってできている。その構造をわかりやすく解説したたとえを、石井直明氏の著書『分子レベルで見る老化』（講談社ブルーバックス、二〇〇一年）から引用してみよう。

小学校時代に何らかの行事で校庭に整列したときのことを思い出していただきたい。左腕を前の子の左肩に置くことを想像してみよう。上から見れば、縦一列に並んだ子どもたちが左腕を介して長くつながった状態になる。この長い列が、ＤＮＡの一本の長い分子であり、一人一人の子どもがヌクレオチドである。

子どもたちの列は二列あり、一方の列は前を、もう一方の列は後ろを向いている。したがってこの二列は、お互いが右腕を伸ばせば手をつなげる関係にある。このように、通常のＤＮＡは、反対向きのＤＮＡの列ががっしりと結合した構造をつくっている（図１‐３）。

ＤＮＡの場合には、ヌクレオチド同士が結合することによる物理的な力によって「らせん状」になり、あたかも二本のＤＮＡが重なり合っているように見えるため、「二重らせん」という言葉で表現することが多い。

ただし、ＤＮＡ複製について話を進めていくうえで

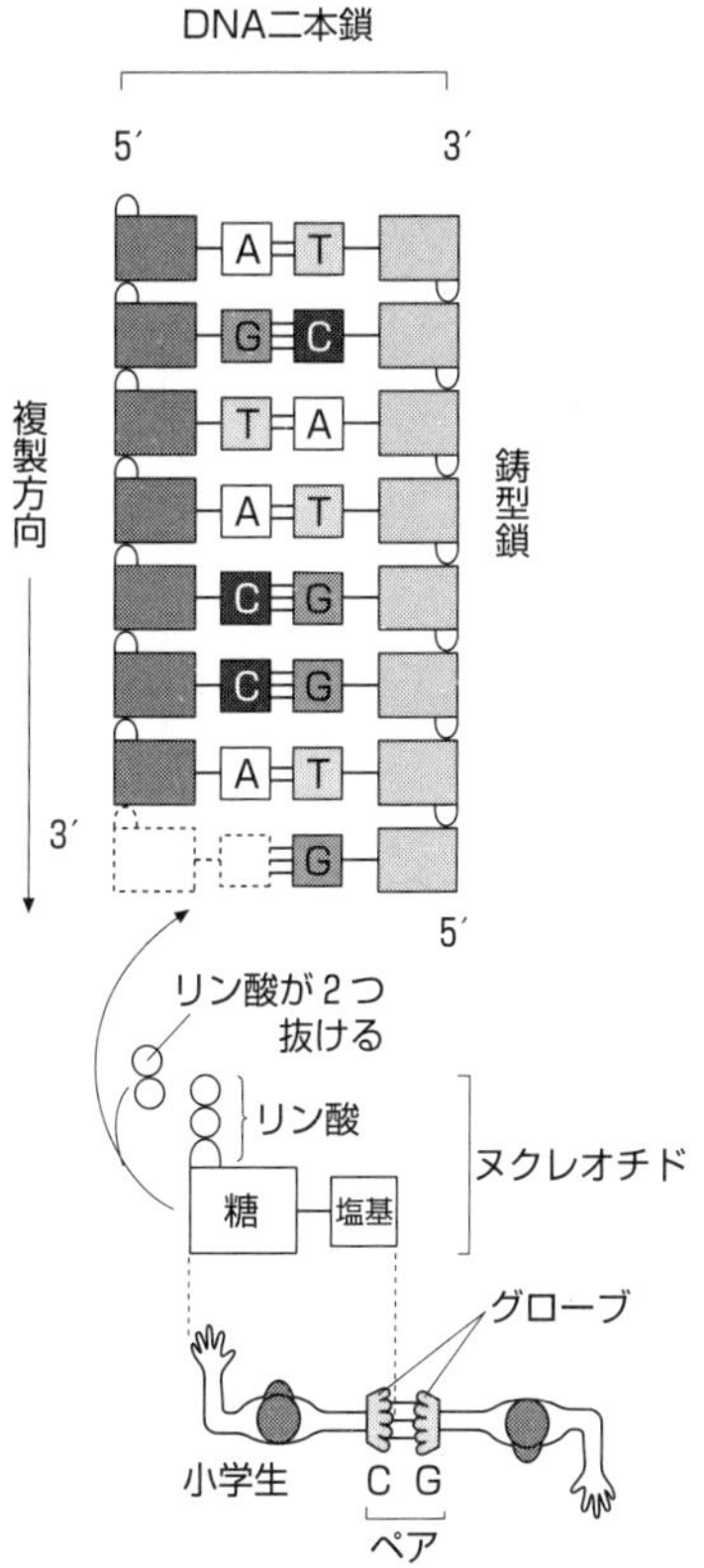

図１-３　ヌクレオチドとDNA

「二重らせん」は使いにくいので、これ以降DNAについては二重らせんではなく「二本鎖」と呼ぶことにしたい。DNAは、まるで鉄の輪がつながるようにヌクレオチドがいくつもつながって長い分子をつくるので、「鎖」と表現することができるのだ。

さて、DNAを構成するそれぞれのヌクレオチドは、リン酸、糖、塩基という三つの部分からできている。右の例でいえば、それぞれの子ども（ヌクレオチド）の左腕がリン酸、胴体が糖、そして右腕が塩基に相当する（図1-3）。

塩基には四種類（アデニン、グアニン、シトシン、チミン。以降A、G、C、Tと略す）が存在するが、AはTと、GはCとだけ手をつなぐことができる。要するに、四種類のグローブを右手にはめた子どもたちがいて、グローブAはグローブTと、グローブGはグローブCとだけ握れる構造をしているのだ。

DNAはどこにあるか

DNA複製について話す前に、DNAがそもそも私たちの体のどこにあるのかをお話ししておく必要がある。

私たちの体は、六〇兆個といわれるたくさんの細胞からできている。細胞のサイズは、直径が数十マイクロメートルという、光学顕微鏡でしか見えない大きさである（一マイクロメートルは一〇〇〇分の一ミリメートル)。このそれぞれの細胞に、「細胞核」あるいは「核」という球形の構造物がある。核の直径は一〇マイクロメートル以下というさらに小さいものであるが、DNAはこの中にもやっと拡がるように存在している。

拡がるようにとはいっても、核の中で濃く固まった部分があったり、核の内側表面にべったりはりついて存在する部分があったりと、その存在のしかたはさまざまである。

もっとも、真核生物(ほとんどの動物と植物が含まれる、細胞の中に核がある生物)では核以外に、ミトコンドリアや葉緑体などの細胞内小器官にもDNAが存在するが、本書ではとくにことわり書きをしない限り、核のDNAの話であることを頭に入れておいていただきたい。

四六本のDNA

校庭で列をつくる子どもたちの数はせいぜい一クラス単位であり、たとえ運動会などで全校生徒が集まって一本の長い列をつくったとしても、多くて数百人のレベルであろう。

それにくらべ、私たちヒトの「一個の核に含まれる」DNAは、学校でいえば四六クラス、すなわち四六本に分かれて存在し、それらを合計して一列にすると六〇億個ものヌクレオチドが並ぶことになる。そして、さらに同じ数のヌクレオチドが反対方向を向いて一列に並び、二本の鎖を形成している。

DNAの二本鎖の太さは約二ナノメートル（一〇〇万分の二ミリメートル）、合計の長さは約二メートルにもなる。すべての細胞のDNAを合計すると、15ページに述べたごとく、その長さは一二〇兆メートルにも及ぶ。

この四六本のDNAが、細胞分裂の際にぎゅっと集まり、顕微鏡で見ることができる塊になったのが「染色体」と呼ばれる構造体であり、父親由来の二三本（うち一本がXまたはY染色体）と母親由来の二三本（うち一本がX染色体）から構成されている。

ヌクレオチドはどこにあるか

宮崎駿（はやお）監督の映画『もののけ姫』に、傷ついた主人公アシタカを喰おうとする動物「猩々（しょうじょう）」が登場する。森を焼き自分たちの棲む場所を奪った人間たちに復讐するため、人間の知恵を身につけようとしてアシタカを喰おうとするが、もののけ姫・サンは「人間を食べても人間の力は手に入らない！」といってこれをたしなめる。

もののけ姫がDNAのことを理解していたかどうかは別にして、猩々が人間を食べても人間になれないのと同様に、私たちが牛肉を食べてもウシにならないのは、ウシのDNAがそのまま私たちのDNAになることはないからである。

牛肉の一部として消化管に入ったDNAは、小腸から体内に吸収されるまでにさまざまな消化酵素の作用を受けて、基本単位であるヌクレオチドのさらにその下、ヌクレオシド（ヌクレオチドからリン酸をとり去ったもの）にまで分解されるのだ。ヌクレオチドあるいはヌクレオシドのレベルになると、大腸菌でもヒトでもまったく同じ構造であり、そこに「かつてウシのDNAの一部であった」痕跡は残らない。

最近は消費活動が見直され、リサイクルが重要視されるようになったが、それ以前から、自然生態系はリサイクルで成り立っていたことを忘れてはなるまい。食物連鎖はリサイクルの最たるものである。土壌微生物を原生動物が食し、これを小さな昆虫が捕食する。昆虫は大型のそれに喰われ、大型昆虫は鳥についばまれる。鳥は肉食動物のエサとなり、その屍骸はやがて土壌微生物のエサとなる。

喰われた生物の体の成分は、喰った生物の体の成分として再利用されるわけだ。小腸で吸収されたヌクレオシドは、小腸上皮細胞内で塩基（すなわちA、G、C、T）に分解された後、塩基は場合によってはそのままDNAの材料として再利用される。たとえば、AとGを「プリン塩基」と呼ぶが、これなどは、一部が「サルベージ経路」と呼ばれる経路で再び糖、リン酸部分と結合し、ヌクレオチドとなることが知られている。

しかしながら、ヌクレオチドの大部分は、まったく別の材料から合成される。

プリン塩基の基礎となるプリン環は、アスパラギン酸、グリシン、グルタミンという三種類のアミノ酸と、ギ酸、ならびに二酸化炭素を由来とする物質である。また、CとTを「ピリミジン塩基」と呼ぶが、ピリミジン塩基の基礎となるピリミジン環は、アスパラギン酸とカルバモイルリン酸から合成される。

一方、糖とリン酸の部分は、リボース-5-リン酸ならびにATP（アデノシン三リン酸）から合成される。

プリン塩基の場合、糖とリン酸部分を土台にして、その上に組みあがるように塩基が合成され、ヌクレオチドができる。また、ピリミジン塩基の場合は、ある程度合成が進んでから糖、リン酸部分と結合し、ヌクレオチドができる。できたヌクレオチドは「リボヌクレオチド」であり、ここからさらに酸素原子が一つだけ抜け、「デオキシリボヌクレオチド」となる。

このように、DNAが複製される前に、細胞はさまざまな経路を駆使して、DNAの材料となるこれらヌクレオチドのストックを細胞核の中にたくさん用意しておくのである。

ヒロインはいずこ

さて、ヒーローであるDNAがどこにあって、その材料であるヌクレオチドがどのように用意されてストックされているかは大体おわかりいただけたと思うが、それではヒロインであるDNAポリメラーゼはどこにいるのだろうか。

ＤＮＡポリメラーゼはタンパク質である。

タンパク質は、卵や牛乳に含まれる栄養成分であると同時に、私たちの体の中で行われる化学反応を触媒する酵素であり、また私たちの体の構造をつくる材料でもある。何万種類ものタンパク質が、細胞の内外でそれぞれに与えられた重要な仕事をしており、その結果、私たちがこうして生きていられるのだ。

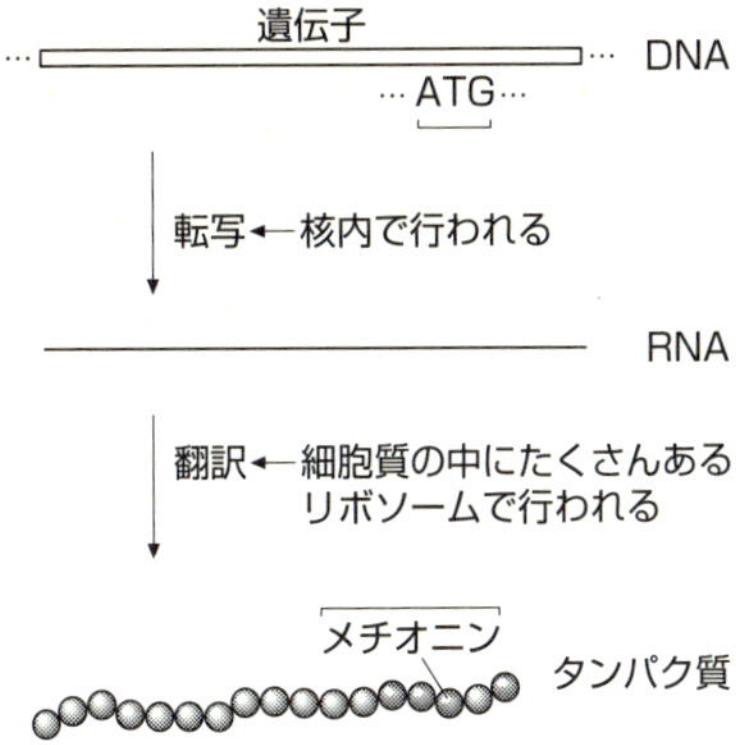

図1-4　遺伝子からタンパク質ができる

タンパク質は「アミノ酸」と呼ばれる物質がたくさんつながってできており、ＤＮＡの一部である「遺伝子」（全ＤＮＡの数パーセント）からつくられる。

詳しくいえば、ＤＮＡ上の三つのヌクレオチドの配列（塩基配列と呼ぶのが一般的。たとえばＡＴＧ）が、一つのアミノ酸（たとえばメチオニン）の情報となる。同様に、いくつかの決まった三つの塩基配列が、タンパク質を構成する二〇種類ものアミノ酸の情報となっているのである。そして転写、翻訳という二つの複雑なメカニズムによって、「遺伝子」からタンパク質がつくられるのだ（図１‐４）。

話を元に戻そう。基本的にＤＮＡポリメラーゼは、ＤＮＡ複製が行われる前に、ＤＮＡポリメラーゼ遺伝子から大量につくられると考えられる（傍点で強調している理由は、第５章の最後に登場する）。

細胞の外から「細胞よ、増殖しなさい」というシグナルがくると、それに細胞が反応し、核の中に伝える。そうすると、ＤＮＡポリメラーゼ遺伝子を活性化する役割をもった「Ｅ２Ｆ」という名前のタンパク質などがはたらいて、遺伝子から情報が引き出され、情報はＲＮＡの形で細胞質のタンパク質製造装置リボソームへと伝わって、そこでＤＮＡポリメラーゼがつくり出されていく。

そうして、細胞質で大量につくられたＤＮＡポリメラーゼは核の中へ移動して待機し、ＤＮＡが複製される合図を待つのである。

おにごっこする人この指とまれ！

今、ある男性が、公園の片隅で、青空の一点を見つめながらぼーっと立っているとしよう。そこにたまたま通りかかったまったく見ず知らずの人間が、「一体何を見ているんだろう?」と、その男性の脇に立って同じ方向を見ようと目を凝らす。これが連鎖的に次から次へと偶然通りかかった人間に起こり、やがて男性を先頭に長い列ができる。

もちろんこのような極端なことは起こりにくいが、一人が起こす行動がきっかけとなって、次々にそれが他の人にまで伝わることはよくある。

DNA複製も、あるタンパク質が起こす行動が契機となり、それに他のタンパク質が次々と続き、最後にDNAポリメラーゼがやってくることで開始されるのである。

こうして先頭きって何かを行うのは、DNA複製では「オーク（Orc）」と呼ばれるタンパク質である。複製開始点認識複合体 Origin recognition complexの略称であり、DNA複製にとってなくてはならない「先導者」である。「おにごっこする人この指とまれ！」と声を張り上げたこの先導者に、たくさんのタンパク質が集まってくるのだ。

DNA複製が開始される場所

オークは、「DNA複製開始領域」と呼ばれるDNA上の領域の「どこか」に常に存在している。その場所を「複製開始点」という。いってみれば、指を高く差し出した子がいつもそこにいる、といった感じである。「どこか」と記したのは、ヒトの場合、その複製開始点を同定することが、現在のところできていないためである。

さて、先ほども述べたように、私たちヒトの一個の細胞に含まれるDNAは六〇億ヌクレオチドもの長さを誇る。この全DNAを複製するのは容易なことではない。

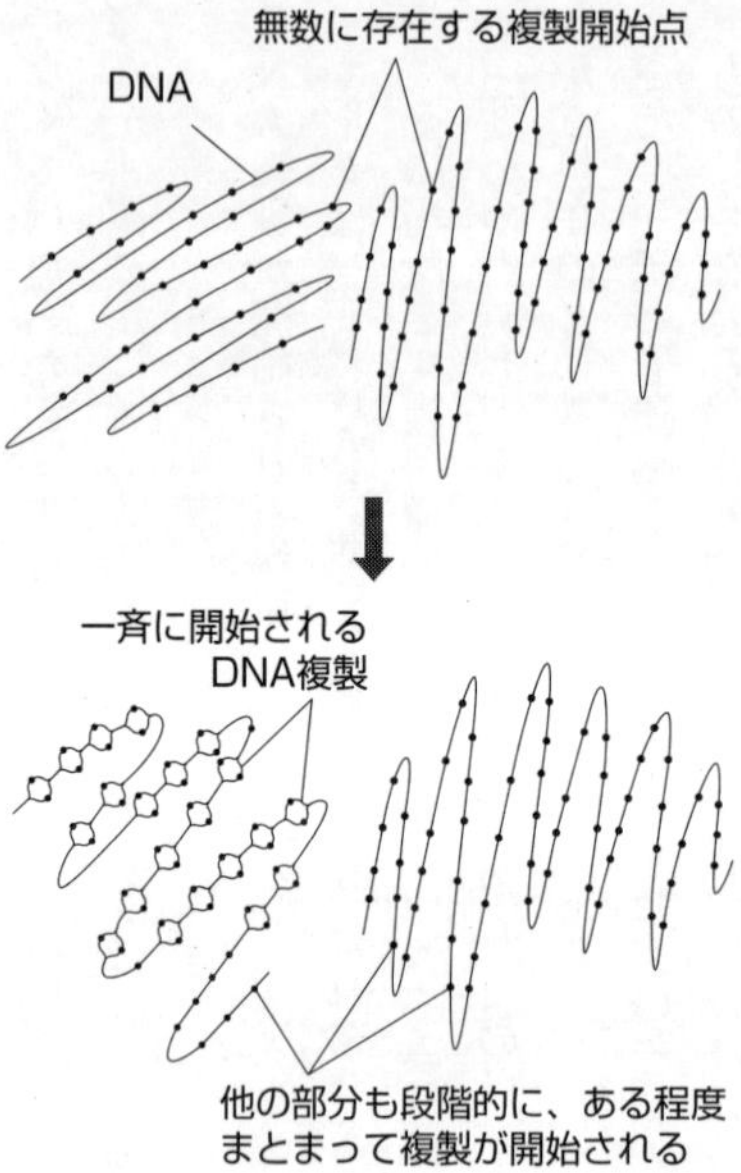

図1-5　DNA複製のシンクロ開始

DNAを複製するタンパク質であるDNAポリメラーゼは、試験管内では一秒間に数百ヌクレオチドものDNAを複製する能力をもつが、実際の細胞内でのDNA複製の進行は、一分間に二〇〇〇ヌクレオチドという比較的ゆっくりした速度で行われる。六〇億ヌクレオチドを複製するためには、当然のことながら一個のDNAポリメラーゼだけではおぼつかない。

ほとんどの細胞は、そのDNAを複製するのに一〇時間もかからないのだが、その理由は、「複製開始点」が、一個の細胞核に含まれるDNA上に四万ヵ所程度（正確な数はわからない）存在しているからであり、DNA複製はこれら複数の複製開始点から、段階的に数十から数百ヵ所ずつまとまって、ほぼ一斉に開始されるからだ（図1-5）。正確な数はわからないが、何万あるいは何十万個ものDNAポリメラーゼが、一斉にDNAを複製しているのである。

決まった順番で

何事にも「順番」というものがある。

料理だってそうだ。たとえば豚カツをつくる場合でも、まず豚肉に塩コショウをし、それから小麦粉と卵、パン粉をつけてから、油で色よく揚げる。間違っても、豚肉を油で揚げてから小麦粉と卵とパン粉をつけるなんてことはしないし、パン粉をつけてから小麦粉と卵をかけ、油で揚げて塩コショウをするなんてこともしない。なぜならば、それぞれの食材がちゃんとした役割を担っているからであり、その順番が重要だからである。

これと同様に、先導者としての「オーク」に寄ってくるタンパク質たちも、それぞれ決められた順番通りにやってくる。

オークに最初に反応してかけ寄ってくるのが、「Ｃｄｔ１」と「Ｃｄｃ６」という二種類のタンパク質である。この二つのタンパク質は、引き続いてやってくる「ＭＣＭ」というタンパク質の「呼び込み役」としてはたらくと考えられている。呼び込みが功を奏してＭＣＭがやってくると、これらが一緒になって「複製前複合体」と呼ばれるタンパク質の塊となる（図１-６）。

次に、ここに「Ｓｌｄ３」と呼ばれるタンパク質がやってきて、複製前複合体に結合する。Ｓｌｄ３は、続いてやってくる「Ｃｄｃ45」というタンパク質の呼び込み役としてはたらくと考えられている。

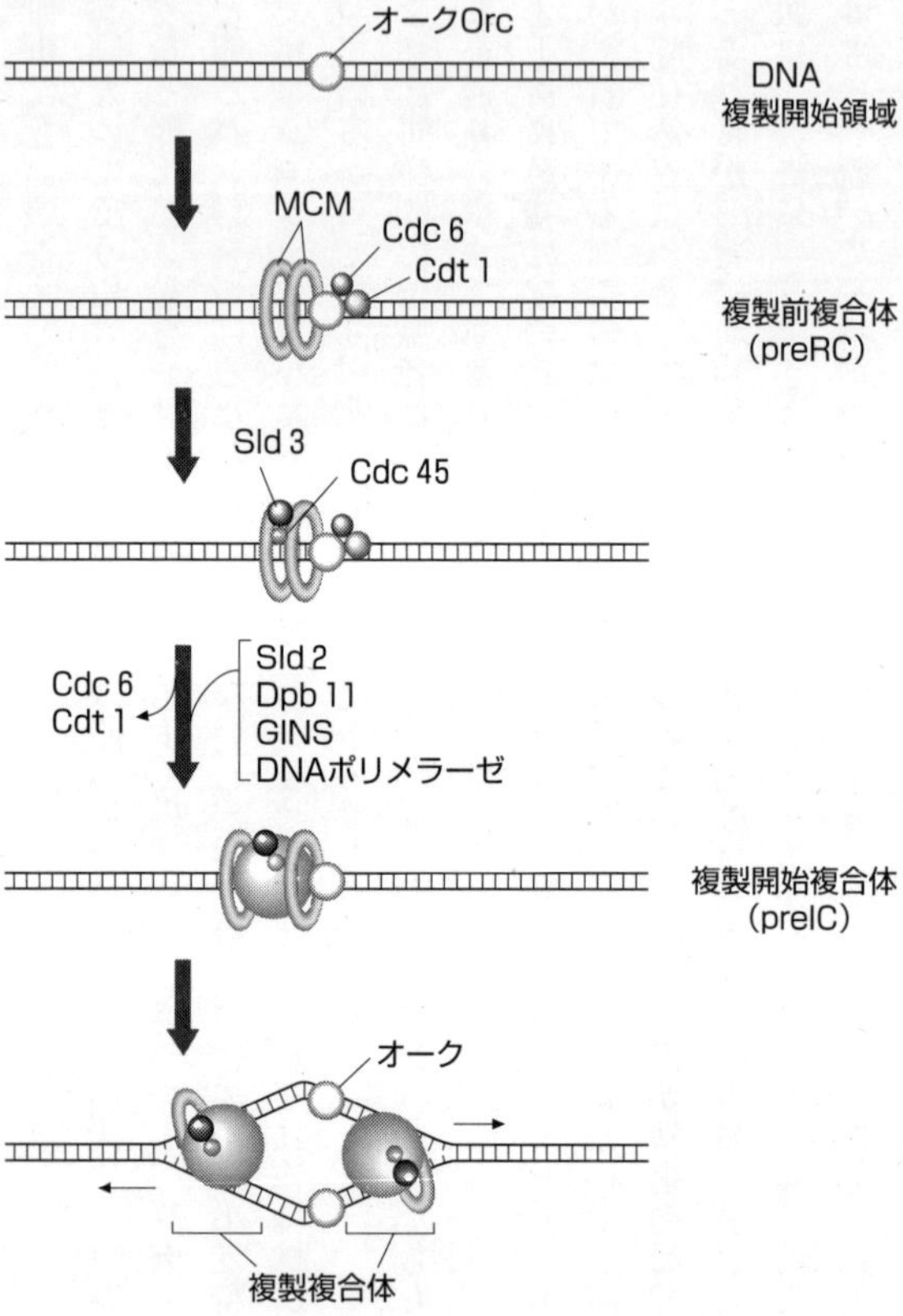

図1-6　決まった順番でやってくるタンパク質

そこにＣｄｃ45がやってきて、複製前複合体の中のＭＣＭと結合する。Ｃｄｃ45は、ＭＣＭのはたらきを助けたり、後でやってくるＤＮＡポリメラーゼの呼び込み役としてはたらくと考えられている。

Ｓｌｄ３とＣｄｃ45がやってくると、すでに結合していたＣｄｔ１とＣｄｃ６は離れるか分解され、それにかわるように「Ｓｌｄ２」、「Ｄｐｂ11」、「ＧＩＮＳ」、そしてわれらがヒロインＤＮＡポリメラーゼが次々に寄ってきて結合し、これらが「複製開始複合体」を形成して、複製が始まるのである。

なお図１‐６では、ＭＣＭが、最初にやってきたときにはＤＮＡ二本鎖をとり囲むように結合し、ＤＮＡ複製が始まると一本鎖に結合しているように描いているが、じつはＭＣＭがどのようにＤＮＡに結合しているかについては学界でも意見が分かれており、まだ結論が出ていない。図１‐６は一つのモデルにすぎない、ということをご理解いただきたい。

現在、ＤＮＡ複製の研究者のあいだでは、このＤＮＡ複製開始機構の研究が非常にホットな話題となっている。その理由は、たとえばＭＣＭの例にもあるように、寄ってきて結合したそれぞれのタンパク質がどのような役割を果たしているのか、また寄ってくるときにどういうコントロールがなされているのか、そしてどのように結合しているのか、といった詳しいメカニズムに関してはわかっていないことのほうが多いためである。

日進月歩で研究が進められているので、本書が読者の目に触れる頃には、もっと研究が進んでいるに違いない。ちなみにここで述べたことは、主に「出芽酵母」という小さな単細胞生物を用いた実験結果により明らかとなったことであるが、ヒトでもほぼ同じメカニズムであろうと考えられている。

余談だが、日本人研究者のあいだで煮えたぎったやかんのように湯気が立ち上っている、とりわけホットなタンパク質に、右に述べた「GINS」がある。これは、国立遺伝学研究所の荒木弘之博士らが発見したもので、いくつかの異なるタンパク質からなる複合体である。

残念ながらこのタンパク質複合体の機能についてはほとんどわかっていないのだが、ここではその名前に注目していただきたい。GINSを構成するタンパク質の名前を、Sld5、Psf1、Psf2、Psf3という。「5、1、2、3」つまり「Go、Ichi、Ni、San」、略してGINSなのである。

冗談のようなホントの話。日本人でなきゃあ面白さがわからないじゃないかというご意見は、ここではどうぞ胸の奥にしまっておいていただきたい。

切り開かれる二本鎖DNA

さて、おにごっこに参加しようと集まってきた子どもたち、「複製開始複合体」の中に、「MC

M」という名前の子どもがいたことを思い出していただきたい。この「MCM」はじつは双子であると考えられている。すなわち同じ分子が二つ一緒になっているのだ。MCMそれ自体も六個のよく似たタンパク質が集まった複合体である。

MCMには、DNAの二本鎖を一本鎖に切り開いていくハサミとしての役割がある。この役割を「ヘリカーゼ活性」と呼んでおり、これ以降本書では「MCMヘリカーゼ」と呼ぶことにする。

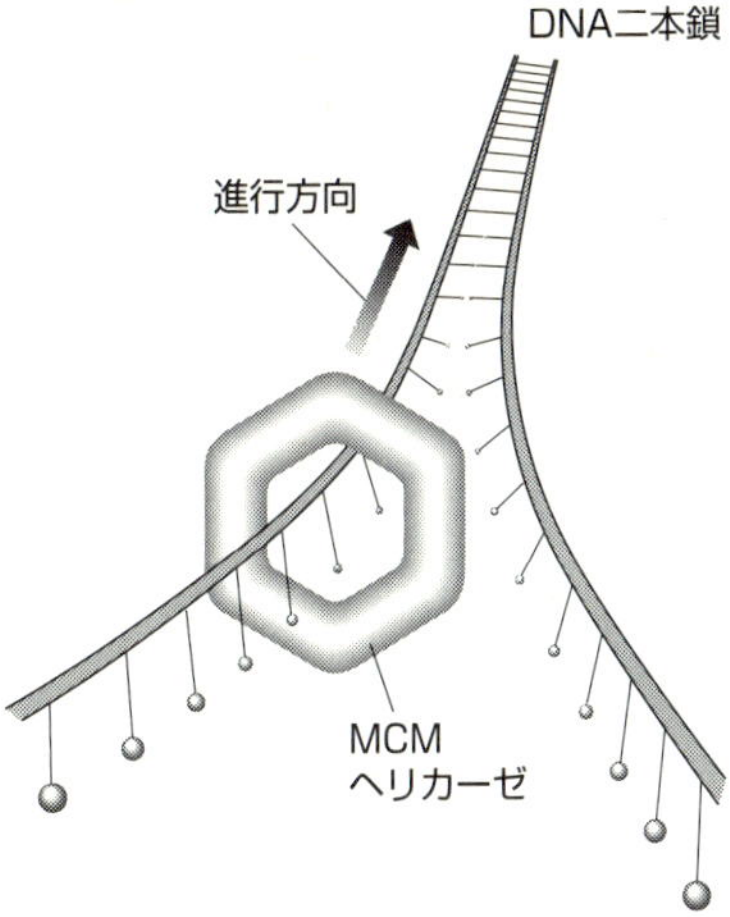

図1-7　開かれていくDNA二本鎖

なぜMCMヘリカーゼが双子なのかといえば、その理由はDNA複製の進行方向にある。DNA複製は、複製開始点から右と左の両方向に向かって進行するため、二つのハサミが必要なのである。ハサミとはいっても、実際のMCMヘリカーゼはドーナツ型の分子であり、これが一方の鎖をとり囲むようにして結合し、二本鎖を押し開くような感じで進んでいくと考えられているが、これはあくまでもモデルである（図1-7）。

MCMヘリカーゼとDNAポリメラーゼを含

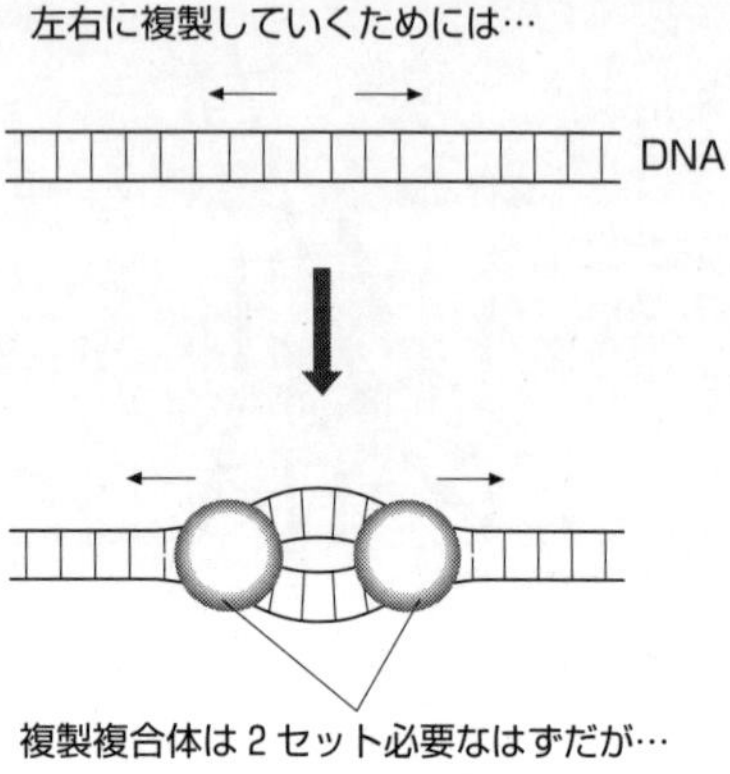

図1-8　2セット必要？

むタンパク質の大きな塊は、このMCMヘリカーゼの双子ちゃんが左右に分かれ、DNAの二本鎖が左右に開き始めるのと同時に二つのセット（それぞれのセットを「複製複合体」と呼ぶ）に分かれる。

そしてMCMヘリカーゼがDNAをどんどん切り開いていくにしたがい、複製複合体が両方向へと移動しながら、その中のDNAポリメラーゼが、核にたくさんストックされたヌクレオチドを材料としてDNAを複製していくのである。

このように、左右にDNAを切り開くためには、複製複合体は二セット存在しなければならないはずである。そのため、理論上はMCMヘリカーゼ以外のタンパク質であるSld3、Cdc45、GINS、DNAポリメラーゼなども二セット存在しているはずなのだが、じつはこれが本当に二セット存在しているかどうかは、だれも確認していないのが現状だ。「おそらくそうに違いない」のレベルなのである（図1-8）。

一方、最初に「この指とまれ！」と叫んだ「オーク」は、複製開始点に常に結合していると考えられている。したがって複製が終わってもそこに居続け、次の複製が開始されるのを待つ。「私はきっかけだけつくるわ。あとはあなたたちでよろしくお願いね」といっているようなものである。

おそらくオークの場合も、複製された「二つの」複製開始点に留まっているものと思われるが、オークがいつから二つになるのか、どうやって二つになるのかについては、現段階ではわかっていない。

目で見るDNA複製——光る斑点

夜の街を上空から見ると、車のヘッドライト、テールライトが一列につながり、光る道を浮かび上がらせる。とりわけ年末年始、ゴールデンウイークなどに散見される高速道路の夜の大渋滞では、それはあたかも光の洪水であるかのように見える。

かつて、JR名古屋駅にそびえ立つツインタワー内のホテルに宿泊したことがある。そのとき、ホテルから放射状に、光る道が延々とつながっている光景を目にした。なんとも不思議でムーディーな雰囲気に酔いしれたものだ。

夜の大都会は、もちろん車のヘッドライトの他に、乱立するビルの窓から漏れる照明で一杯である。そのようすを窓下に眺めながら、今ここで大停電が発生したらどうなるかを考えた。窓と

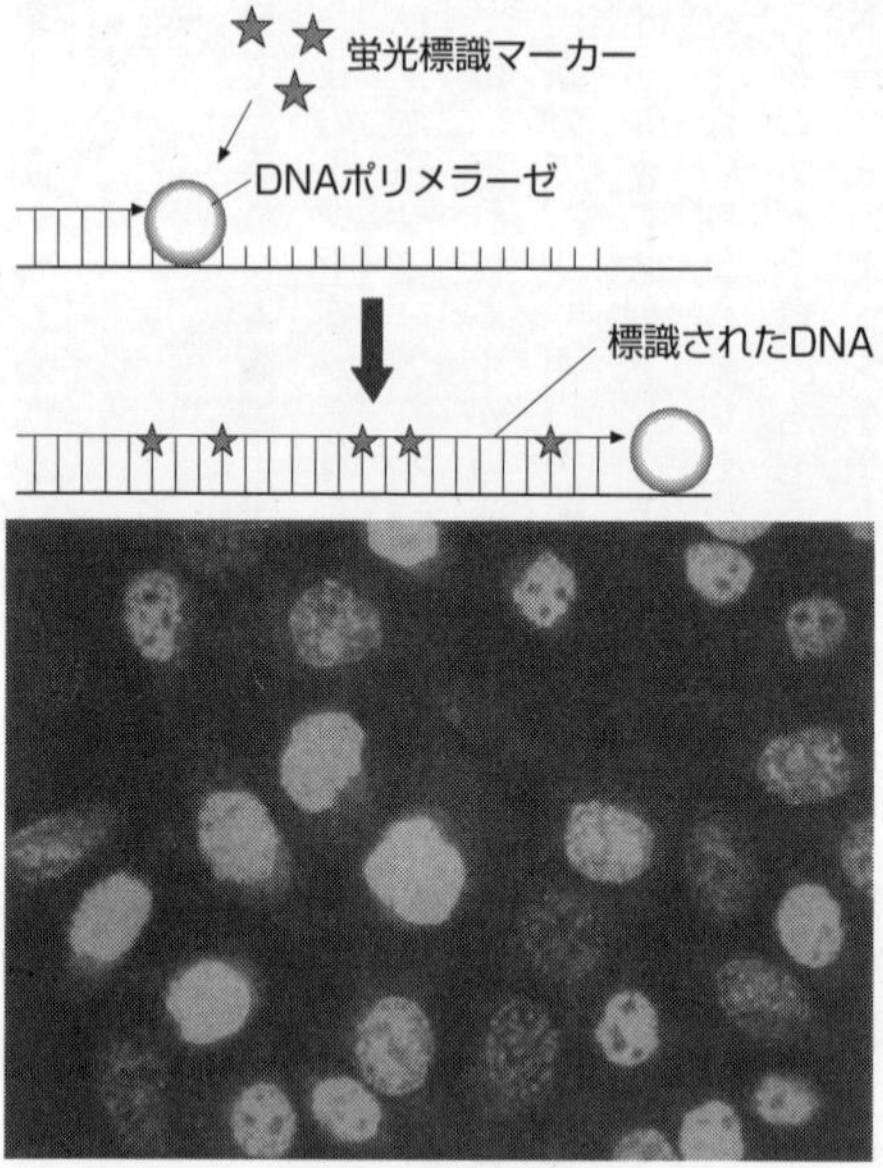

光り方が違う細胞たち

図1-9　DNAポリメラーゼをだます

いう窓の明かりは一瞬にして消え、漆黒の闇が訪れるか……と思いきや、よく考えたら車のライトはビルが停電していても点いていることに気がついた。

大停電が起こると、車が走る道路だけが妙にクローズアップされるはずである。

車のヘッドライトを目印にして道路を見つける。なるほどこういう方法なら、肉眼では見えなくても何か目印になる光を利用することで、複製されているＤＮＡを見ることが可能になるではないか。

最初にこの方法を開発した研究者が果たしてそのような動機をもっていたかどうかはさておき、ＤＮＡの複製は、光（この場合は蛍光）を発する物質（マーカー）を、ＤＮＡポリメラーゼを「だまして」ヌクレオチドのかわりにDNAの材料とさせることで、蛍光顕微鏡下で簡単に見ることができる。

マーカーには、特殊な蛍光物質を結合させた蛍光標識ヌクレオチドアナログを用いる。この場合の「アナログ」とは、それに似ていて同じような作用をする偽の物質のことをいう。

細胞を塩濃度の低い条件におくと、まるでおたふく風邪にかかったように丸く膨張する。膨張した細胞は、簡単に培地中のヌクレオチドアナログをとり込んでしまう。こうしてとり込ませた後、三七度Cで数十分間培養すると、その間に複製されるDNAだけがヌクレオチドアナログをとり込み、蛍光物質でマークされることになる。

マークした細胞を蛍光顕微鏡で観察すると、細胞核が丸く光っているのがわかるが、よく見ると、細胞によって光り方が異なっていることに気がつかれるだろう。この光り方の違いは、複製されているDNAの場所や量の違いを示している（図1‐9）。

だが、この場合、DNA複製部位はヘッドライト満載の高速道路というよりは、単なる光る斑点のようにしか見えない。これでは、これまで述べてきたような、みなさんがイメージする「ファスナーが開くような」DNA複製は、残念ながら見ることはできない。

ここで、一つのテクニックが必要となってくる。

目で見るＤＮＡ複製——光る高速道路

三重大学・奥村克純教授の研究グループは、蛍光物質をとり込ませたＤＮＡを線状に引き伸ばす技術によって、ＤＮＡ複製が行われている現場をとらえることに成功している。引き伸ばされたＤＮＡを「ＤＮＡファイバー」と呼ぶが、顕微鏡で見ると本当に繊維状にＤＮＡが引き伸ばされていることがわかる。まさに顕微鏡下のミクロ都市といった感じだ。

図１‐10は、蛍光物質を結合させたヌクレオチドアナログをとり込ませることによってＤＮＡ複製が行われた部分だけを見えるようにしたものである。よく見ると、蛍光を発しているそれぞれのファイバーは、左右に一対ずつ存在していることがわかる（右写真・矢印の部分がわかりやすい）。まるで人間の眉毛みたいだが、これが「複製開始点」を起点として、ＤＮＡが左右に開きながら複製されているところである。

ＤＮＡが複製時に開いていく部分のことを「複製フォーク」と呼ぶ。フォークはいうまでもなく料理を食べるときに使うフォークのことだが、ここでは枝分かれの意味で用いられている。したがって、本当はＤＮＡが「開いて」いっているのが見えれば好都合なのだが、図１‐10ではＤＮＡをファイバー状に引き伸ばしているために開いた部分まで伸びきってしまい、二本の対になった線のように見えているのである。

なお、ヌクレオチドアナログを細胞にとり込ませる時間（数十分程度）は、ＤＮＡ複製全体に

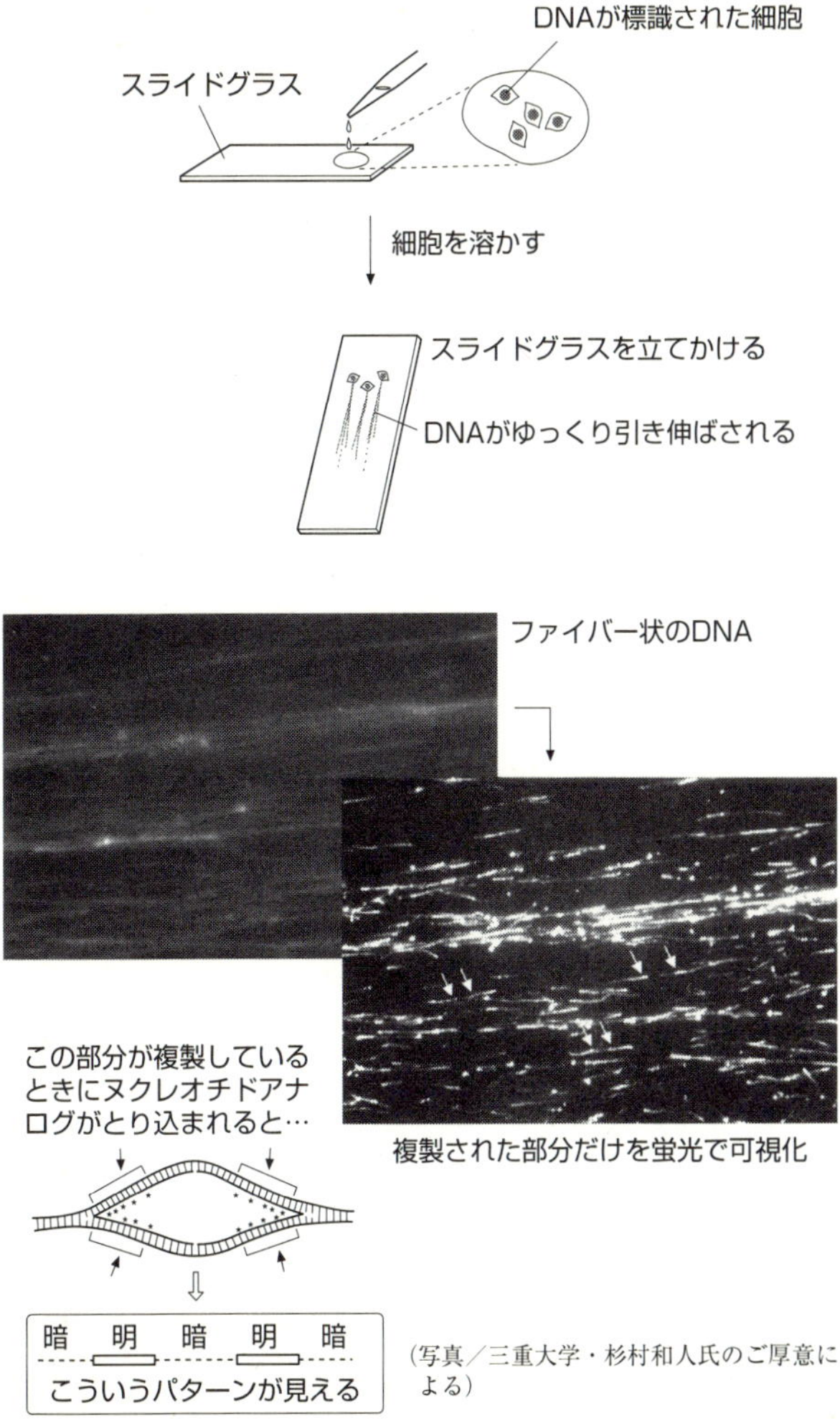

（写真／三重大学・杉村和人氏のご厚意による）

図1-10 DNAファイバー

かかる時間（数時間～一〇時間程度）のごく一部であり、そのわずかな時間に複製されていた部分だけが顕微鏡下で光って見えるのだ。

百聞は一見にしかずとはよくいったもので、こうして目で見ることができると、ほとんどの疑問がその瞬間から氷解していくように感じる。

DNA複製が、複製開始点を起点として左右へ開くように進んでいくといわれても、ほんまかいなと思うのが悲しいかなこの世の人の常であるが、たとえ顕微鏡下であるとはいえ、目で見ることによりDNA複製の世界がきわめて身近に感じられるようになると、おお、これが生命三八億年の歴史を刻んできた現象なのか、と人知れず感慨にふけることができるのだ。

二つの鎖

ところで、DNAには方向性というものがある（詳しくは第2章68ページ参照のこと）。小学生の整列のたとえにもあったように、DNA二本鎖は、逆向きの二本の鎖が塩基を介して手をつないだ構造をしている。したがって、ハサミの役割をもつタンパク質MCMヘリカーゼによって切り開かれた二本のDNAは、それぞれ逆向きに複製されていくはずである（図1‐11）。炯眼（けいがん）な読者ならお気づきであろう。MCMヘリカーゼがDNAを切り開いていくのと同時にDNAが複製されていくとすれば、切り開かれた二本の一本鎖DNAは、ともに同じ方向へ複製されなければならないはずである。なぜならば、ＤＮＡポリメラーゼは常にＭＣＭヘリカーゼと行動をともにすると考えられているからだ。

しかし、図１‐11に示したように、一方の鎖だけが、ＭＣＭヘリカーゼの動きとはまったく逆に複製されていくのだとしたら、それは一体どのようなメカニズムによるのだろうか。

ここで、その興味深い複製システムについてお話しすることにするが、これは本書を通じて理解しておいていただかなくてはならない、きわめて重要なシステムである。

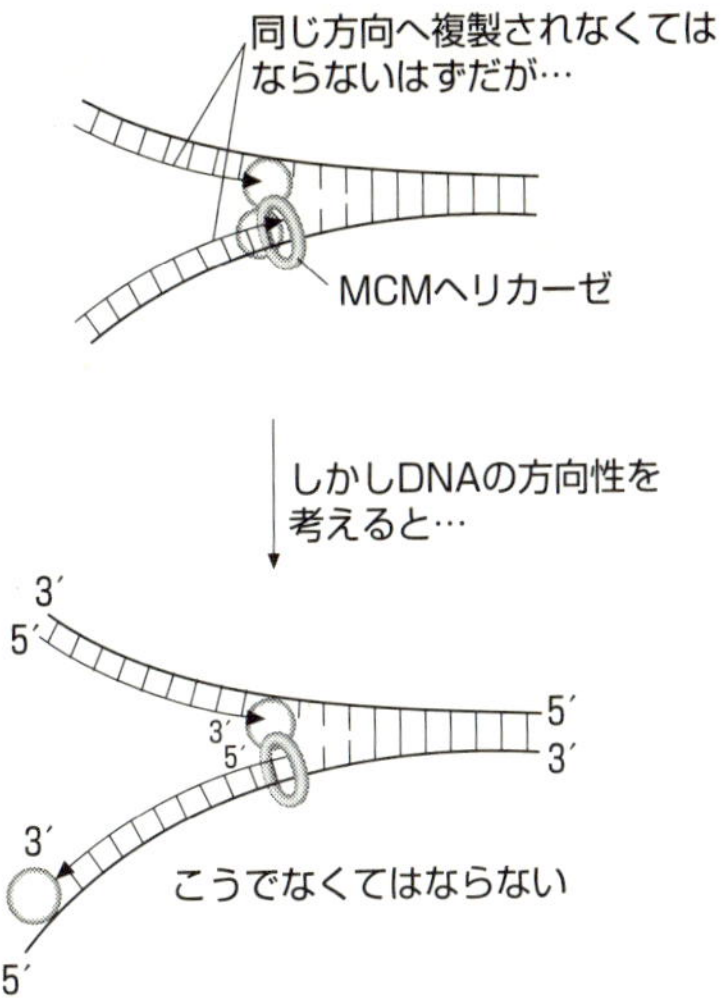

図1-11　矛盾点

ラギング鎖の返し縫い

ＭＣＭヘリカーゼの進行方向と同じ方向へ複製されるＤＮＡ鎖を「リーディング鎖」と呼び、逆の方向へ複製されるＤＮＡ鎖を「ラギング鎖」と呼ぶ。この名前は、本書では何度も登場してくるので、ぜひ覚えておいていただきたい。

問題はラギング鎖である。一体どのように、リーディング鎖と整合性を保ちつつ、かつハサミであるMCMヘリカーゼとともにあるはずのDNAポリメラーゼによって複製されるのだろうか。

ほとんどの読者諸賢は「返し縫い」を知っていると思う。ひと針進んではちょっとだけ戻す縫い方のことで、これを行うことで通常の縫い方にくらべて縫い目がしっかりと安定する。

ラギング鎖の複製は、じつはこの返し縫いの極端な例なのだ。すなわち、一歩進んで二歩さがり、さらに一歩進んで二歩さがり、といった具合に、だんだん後ろへさがっていくような複製のしかたをするのである。もちろん複製されるのは「一歩進んで」の部分だけであり、「二歩さがる」ときには複製は行われない。

要するに、ラギング鎖は断続的に合成されるのである。一歩進んで短いDNAを合成した後、DNAポリメラーゼが二歩さがってDNA上を逆方向に戻り（正確にはDNAのほうがスライドすると考えられている）、再び一歩進んで次の短いDNAを合成する。これをくり返すことで、ラギング鎖は短いDNAがいくつもつながった状態となる。そして、それぞれの短いDNAの空隙（くうげき）が埋められることで、複製が完了するのである（図1－12）。

「一歩進む」に相当するこの短いDNAのことを「岡崎フラグメント」と呼ぶ。これは、発見者であり、白血病のため惜しくも夭折された岡崎令治博士（元名古屋大学理学部教授）の功績を記念して名づけられたものである。令治氏の没後、夫人である岡崎恒子博士（名古屋大学名誉教授、

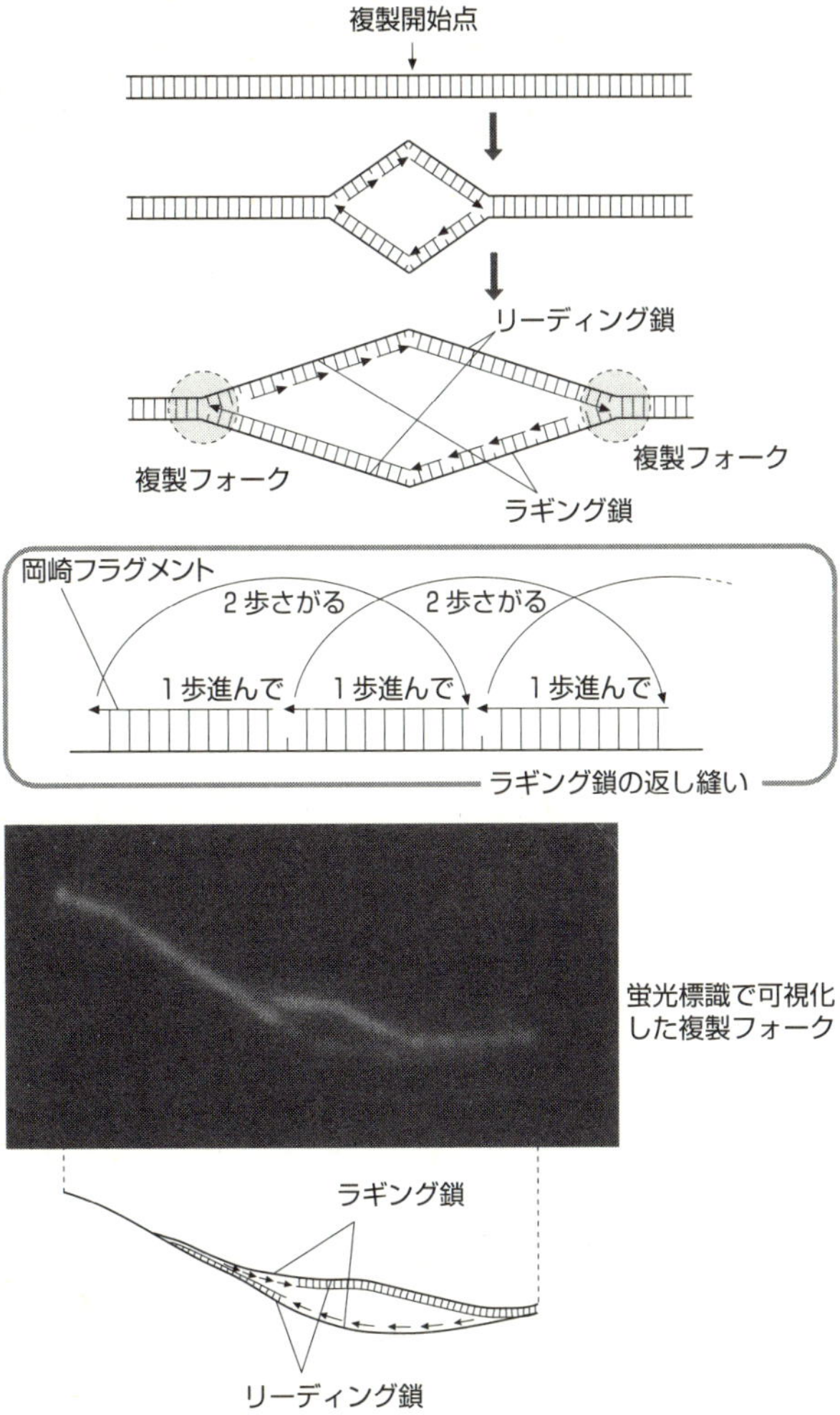

図1-12　リーディング鎖とラギング鎖

現・藤田保健衛生大学教授）が中心となって研究が続けられ、「岡崎フラグメント」は今ではすっかり世界的に定着した名前となった。

ラギング鎖合成の詳しいメカニズムについては、後で詳しく述べることにするとして（第4章）、最後に一つだけ述べておかなければならないことがある。

DNAの構成単位であるヌクレオチドは、リン酸、糖、塩基からできていると述べた。このうち塩基にA、G、C、Tの四種類があるということも述べてきた。塩基が四種類あるということはヌクレオチドが四種類ある、ということであり、ヌクレオチドの性質は「塩基」が決めているということでもある。

したがって本書では、次章以降、とくにことわり書きをしない限り、ヌクレオチドの説明であっても「塩基」という言葉を用いることにしたい。そのほうが容易に理解していただけるのではないだろうか。

第2章

DNAポリメラーゼはいかにはたらくか

～驚くべき正確さ～

スター登場

アルファ（α）、ベータ（β）、ガンマ（γ）、デルタ（δ）、イプシロン（ε）、ゼータ（ζ）、イータ（η）、シータ（θ）、イオタ（ι）、カッパ（κ）、ラムダ（λ）、ミュー（μ）、ニュー（ν）、そしてシグマ（σ）。

このギリシャ文字の羅列は一体何を意味するのか。遥か遠い銀河に存在する魅惑の恒星か、それともブラックホールに落ちなんとする老化した星々か。

いやいや、これらはみな、私たちの体の中の小宇宙、細胞の中に含まれるDNA複製タンパク質、幾多の「DNAポリメラーゼ」につけられた名前なのである。私たち真核生物にはDNAポリメラーゼがこれだけ多くの種類存在しているのだ。

ちなみにこの他にも「Rev1」と呼ばれるタンパク質がDNAポリメラーゼの一つに数えられており、合計一五種類というわけである。

本章ならびに次の第3章では、この一五種類のDNAポリメラーゼのうち、役割がかなりわかってきている八種類のDNAポリメラーゼを中心に紹介していこうと思う。

さて、その八種類のDNAポリメラーゼだが、大きく二つのグループに分類される。

通常のDNA複製（これが大部分を占める）を行うDNAポリメラーゼは、いってみれば芝居の主役、つまり花形スターのようなものだ。それは『屋根の上のバイオリン弾き』におけるテヴイエであり、『レ・ミゼラブル』におけるジャン・バルジャン、『忠臣蔵』における大石内蔵助であるといえる。これには、DNAポリメラーゼα（アルファ）、DNAポリメラーゼδ（デルタ）、DNAポリメラーゼε（イプシロン）という三つのものが含まれる。

一方、それほどのスターではないが、面白くもない脚本をうまくアドリブで脚色し、芝居をみごとに面白くみせてくれる名脇役もいる。そういった名脇役は、自らの芸術性を最大限に引き出し、うまく芝居をまとめあげる。二〇世紀最後に多く発見されたDNAポリメラーゼには、こういった者たちが多く含まれる。これには、DNAポリメラーゼζ（ゼータ）、DNAポリメラーゼη（イータ）、DNAポリメラーゼκ（カッパ）、DNAポリメラーゼι（イオタ）、そしてRev1が含まれる。

花形スターと名脇役たち。DNA複製は、こうしたDNAポリメラーゼたちが、協調しながらつくり上げる壮大にして緻密なパフォーマンスである。DNA上で生じるこのパフォーマンスによって、DNAはほぼ完全に同じ分子をもう一つつくり出すことができるのだ。

まず本章では、DNAがいかに正確に複製されるか、DNAポリメラーゼの花形スターの振る舞いに焦点をあてながら話を進めていくことにしよう。

三姉妹

私事で恐縮だが、筆者の妻は三姉妹の末っ子である。妻がいうには、小さい頃、母親が仕事で忙しいときには、長女である彼女の姉が、妹二人の母親がわりになっていたという。すべてがすべてそうだというわけではないが、得てして三姉妹の長女、とりわけ年の離れた長女の存在は、妹たちにとっては母親がわりであり、何事によらず先導者としての存在なのだろう。

これと同じようなことが、花形スターたるDNAポリメラーゼにもいえる。私たちのDNAの、ほぼすべてを複製するDNAポリメラーゼα（アルファ）、δ（デルタ）、ε（イプシロン）。男女の区別はないが、これら三つのDNAポリメラーゼを「三姉妹」とすると、このうち長女たるDNAポリメラーゼαは、妹であるDNAポリメラーゼδやεより一八歳も年の離れた「先導者」なのである。

長女・DNAポリメラーゼαの発見

DNAポリメラーゼ三姉妹は、発見された時代がばらばらである。すなわち、つけられたギリシャ文字から推察されようが、最初に発見されたのがDNAポリメラーゼαであり、その一八年後にDNAポリメラーゼδが、続いてDNAポリメラーゼεが発見された。

DNAポリメラーゼαとδの間にβ（ベータ）とγ（ガンマ）があるが、これらはそれぞれDNAの修復と、ミトコンドリアDNAの複製に携わっており、本筋から離れるのでここでは話の対象とはしない。

さて、第1章でも述べたように、世界で最初にDNAポリメラーゼを発見し、これを純粋にとり出すことに成功したのはアーサー・コーンバーグという米国の生化学者である。彼は後にノーベル生理学医学賞を受賞する、ＤＮＡ複製学の大親分だ。彼がとり出したのは、大腸菌すなわち原核生物（細胞の中に核を持たない生物）のＤＮＡポリメラーゼだった。

真核生物においてＤＮＡポリメラーゼαが発見されたのはそのわずか二年後、一九五八年のことである。実際には発見されたというよりも、その存在が確認された、といったほうが正しい。当時米国オークリッジ国立研究所に在籍していた生化学者フレドリック・Ｊ・ボラムは、コーンバーグが大腸菌で発見したＤＮＡポリメラーゼと同じくＤＮＡを合成する活性をもつタンパク質を、ラットの再生肝とウシの胸腺から、それぞれとり出すことに成功したのである。これが、現在ＤＮＡポリメラーゼαとして知られるタンパク質であり、その発見こそがポリメラーゼ三姉妹の歴史が始まった瞬間である。

サブユニットとプライマーゼ

古代中国人のあいだでは、彼らにとって南方すなわち現在のラオス、ベトナム、カンボジアのあたりに、「解形之民（かいけいのたみ）」と呼ばれる人々がいる、と信じられていた。四世紀の晋（しん）の時代に著された『拾遺記（しゅういき）』によると、「解形之民」は、夜になると体が四つの部分に分解され、頭部は南海へ、左手は東海へ、そして右手は西海へ飛んでいってしまうという。

飛んでいったそれぞれのパーツは、もちろんそれぞれが何らかの役割を担っていたのだろうが、

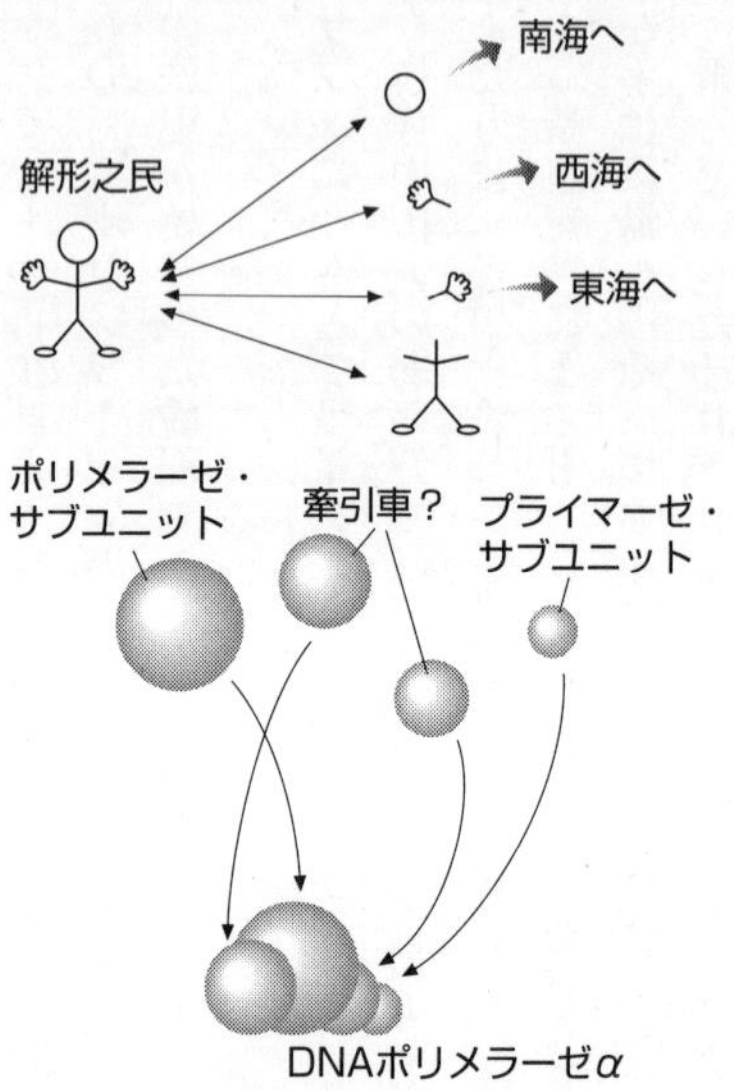

図2-1　DNAポリメラーゼαの4つのサブユニット

文献上のことだからそれを実際に確かめる術（すべ）はない。もっとも解形之民といえども、その「人」としての機能は、四つのパーツが一緒になって初めて発揮されることは間違いないだろう。

　タンパク質が細胞の内外で機能を発揮するとき、いくつかのタンパク質が寄り集まって初めて一つの機能を発揮する場合がある。こうした場合のそれぞれ単独のタンパク質を「サブユニット」と呼んでいる。サブユニットは、単独では有効な機能を発揮できない。つまり一人前ではないわけだ。

　真核生物で最初に発見されたＤＮＡポリメラーゼαが、後に発見された他のＤＮＡポリメラーゼと大きく違う点として、「プライマーゼ」と呼ばれるサブユニットが含まれている点が挙げられる。

　ＤＮＡポリメラーゼαも、一人前ではない四種類のサブユニットからできており、その中で最も大きなものが「ポリメラーゼ」としてはたらくサブユニットであり、最も小さなものが「プライマーゼ」としてはたらくサブユニットである（図2-1）。

「プライマーゼ」とは、「最初にできるきっかけを合成する酵素」という意味だが、それでは一体どういう役割をもつサブユニットなのだろうか。

気の毒な断片

スペースシャトルにしても日本のH2Aロケットにしてもそうだが、主ロケットの推進力だけでは、地球の重力に逆らって宇宙へ飛び出すことは不可能である。したがって、ロケットを宇宙へと運ぶための「補助ロケット」が必要となってくる。ここで重要なことは、補助ロケットは打ち上げ後しばらくして御用済みとなり、主ロケットから切り離されてしまうことである。気の毒な彼らはそのまま落下し、運がよければ回収されて再利用されるが、それ以外は海の藻屑と消え、そのあまりにも短い一生を終える。

「最初にできるきっかけ」すなわち「プライマー」も、補助ロケットと同じような運命をたどる、気の毒な断片だ。

DNA二本鎖を一本ずつに開いていくタンパク質MCMヘリカーゼが通過すると、塩基が表に露出した一本鎖DNAができる。そこにまず、プライマーゼがプライマーを合成する。プライマ

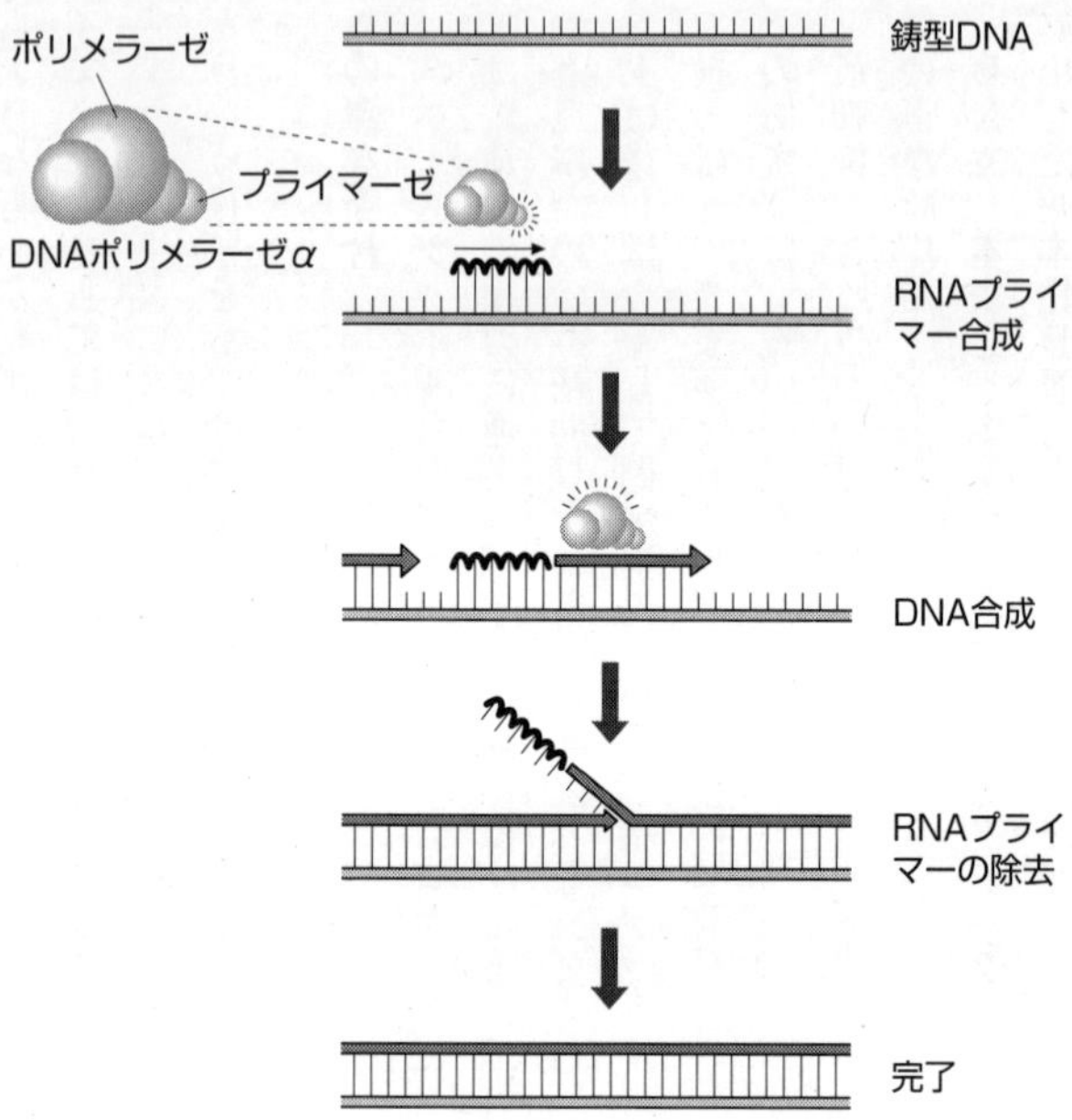

図2-2　RNAプライマー合成と除去

ーは、DNAとよく似た物質であるRNA（リボ核酸）からできており、十数塩基というごく短いものである。これ以降、「RNAプライマー」と呼ぶことにしよう。

なぜRNAプライマーが必要かといえば、「ポリメラーゼ」サブユニット単独では、MCMヘリカーゼによって切り開かれただけの一本鎖DNAに、直接塩基を結合させることができないからである。何らかのとっかかりが一本鎖DNAの上にないとだめなのだ。

つまりそれがRNAプライマーの役割であり、RNAプライマーを合成することがプライマーゼの役割なのである。スペースシャトルが自力で宇宙へ行けず、補助ロケットを必要とするのと同じことで、DNAポリメラーゼαはいつもプライマーゼを連れて、これにRNAプライマーを合成させたうえで、おもむろに自らの任務（ポリメラーゼ反応）を全うするというわけだ。

さて、複製されたものはすべてDNAでなければならないはずなのだが、いかんせんRNAプライマーはRNAである。最後にはとり除かれるというステップが必要となる。実際には、隣からDNAを合成してきたDNAポリメラーゼ（δもしくはε）が、DNAの一部も含めてごっそりとRNAプライマーをとり除くと考えられている（図2－2）。

このとき、どの程度のDNAがとり除かれるのかははっきりとわかっているわけではないが、一説にはDNAポリメラーゼαが合成した分（後で述べるように、DNAポリメラーゼαが合成するのは数十塩基程度）がそっくりとり除かれるのではないか、ともいわれている。

きっかけをつくったものは、最後には御用済みとなって捨てられる。補助ロケットならずとも、どこでもよく聞く話である。

ところで、DNAポリメラーゼαの四つのサブユニットのうち、残りの二つのサブユニットが一体何をやっているか、じつはあまりよくわかっていないのだが、最近その機能について、いくつかの説が発表されている。

たとえば理化学研究所の花岡文雄主任研究員（大阪大学教授）の研究グループは、これら残りの二つは、ポリメラーゼ・サブユニットとプライマーゼ・サブユニットが細胞質で合成された後、それぞれ核の中へ移動するときに必要な「牽引車」としての役割を果たすのではないかとする説を提唱し、一九九九年、科学誌『モレキュラー・アンド・セルラー・バイオロジー（MCB）』に発表した。中心となったのは水野武研究員（図1－2）である。

また海外のあるグループは、この残り二つのサブユニットのうち一つに「リン酸化」という修飾がなされることにより、DNAポリメラーゼαのはたらきが調節される（活性が上がったり下がったりする）のではないかとする説を発表している。

近いうちに、その詳細な機能が明らかになるであろう。

DNAポリメラーゼαは必要不可欠

DNA複製研究には、多くの日本人研究者が参画し、かつ大きな成果を挙げている。

たとえば、第1章の最後に述べた「岡崎フラグメント」は、名古屋大学教授だった岡崎令治博士にちなんで名づけられたし、またDNAポリメラーゼαがプライマーゼを引きつれていることを最初に発見したのも、現在、関西学院大学理学部教授を務める矢倉達夫博士らであった。

さて、DNAポリメラーゼα研究で世界をリードしてきた研究者の一人が、先ほど紹介した花岡文雄博士である。花岡博士の研究グループは、一九八五年に世界に先がけて、DNAポリメラーゼαが特殊な温度条件でははたらかなくなる細胞を、マウス（ハツカネズミ）の細胞からつくり出すことに成功した。このような細胞を「温度感受性変異株」と呼ぶ。

この温度感受性変異株は、三三度Cの条件では正常に増殖するが、三九度C（制限温度）に設定した培養器の中で培養すると、とたんに増殖しなくなる。その理由は、この温度感受性変異株はDNAポリメラーゼα遺伝子に異常があり、熱に対する感受性が高くなって、三九度Cでは活性を失ってしまうからである。DNAポリメラーゼαがはたらかないと細胞はDNAを複製することができずに、結果として増殖することができなくなるというわけだ。

同様の温度感受性変異株は出芽酵母においてもつくられており、やはり制限温度では酵母は増殖することができずに、分裂の途中でストップしてしまう。要するにDNAポリメラーゼαは、RNAプライマーを合成する先導者であると同時に、キーパーソンでもあるということだ。

なお、花岡博士が作製したDNAポリメラーゼα温度感受性変異株は、DNAポリメラーゼα研究にとても役立つ材料として、現在でも多くの研究者が利用している。

DNAポリメラーゼαの持続性

DNAポリメラーゼαは、プライマーゼにRNAプライマーを合成させた後、それを土台としてポリメラーゼ反応を行うが、その長さはせいぜい数十塩基程度であると考えられている。

これは、DNAポリメラーゼαのポリメラーゼ反応持続性（プロセッシヴィティー、本書では これ以降、単に「持続性」と呼ぶ）がDNAポリメラーゼδ、εにくらべて弱いからだと考えられている。数十塩基伸ばしたところでDNAポリメラーゼαはポリメラーゼ反応を停止し、鋳型である一本鎖DNAから解離してしまうのである。

組織から高い純度でとり出したDNAポリメラーゼαに試験管内でポリメラーゼ反応を行わせると、実際の細胞内よりは長く塩基を重合させることが知られている。したがって、DNAポリメラーゼαそのものがタンパク質の性質として本来もっている持続性が、実際の細胞内では厳密に制御され、低く抑えられているのではないかと考えられている。

とはいえ、DNAポリメラーゼαのそうした本来の持続性も、やはりせいぜい一〇〇から二〇〇塩基までで、DNAポリメラーゼδ、εのそれよりも低く抑えられていることは明らかである。では、DNAポリメラーゼαがそんな短いDNAしか複製できないとすれば、残りのほとんどのDNAは一体だれが複製するのだろうか。

ここで登場するのが次女・DNAポリメラーゼδであり、そして三女・DNAポリメラーゼεである。すべてのDNAポリメラーゼは「プライマー」を必要とするのだが、この両者の場合はDNAポリメラーゼαが合成した短いDNAがプライマーとなる。

DNAポリメラーゼδ・ε——次女と三女はどっちが主役？

次女であるDNAポリメラーゼδ（デルタ）は、一九七六年に発見された。このタンパク質の特徴は、持続性が非常に高く、またいかに正確にペアとなる塩基をとり込むかという複製忠実度（フィデリティー、本書ではこれ以降、単に「正確性」と呼ぶ）が非常に高いことである。

もっとも、持続性が高い理由の一つは、「PCNA」と呼ばれる「お助けタンパク質」が存在するからだ（現在では、PCNAは単なる「お助け」ではなく、修復や細胞周期制御にとても重要なタンパク質であることが知られている）。

DNAポリメラーゼαがポリメラーゼ反応を停止すると、そこに「RF-C」と呼ばれるタンパク質が結合する。するとそれを足がかりにしてPCNAが結合し、そこにDNAポリメラーゼδが結合して（RF-Cは離れる）、残りのDNAを最後まで複製すると考えられている。このDNAポリメラーゼの切り替えのことを「ポリメラーゼ・スイッチ」と呼ぶ（図2-3）。

PCNAは、別名を「スライディング・クランプ」という。クランプとは「かすがい、留め金」のことである。PCNAは、同じ形をした分子が三個集まってリング状の構造を呈し、そのリングによってDNAをとり囲むようにして結合する。要するに、DNAポリメラーゼが効率よくDNAの上を「スライド」するために、それを安定化させるタンパク質なのである。

一方、RF-Cは、別名を「クランプ・ローダー」という。ローダーとは「引き寄せるもの」

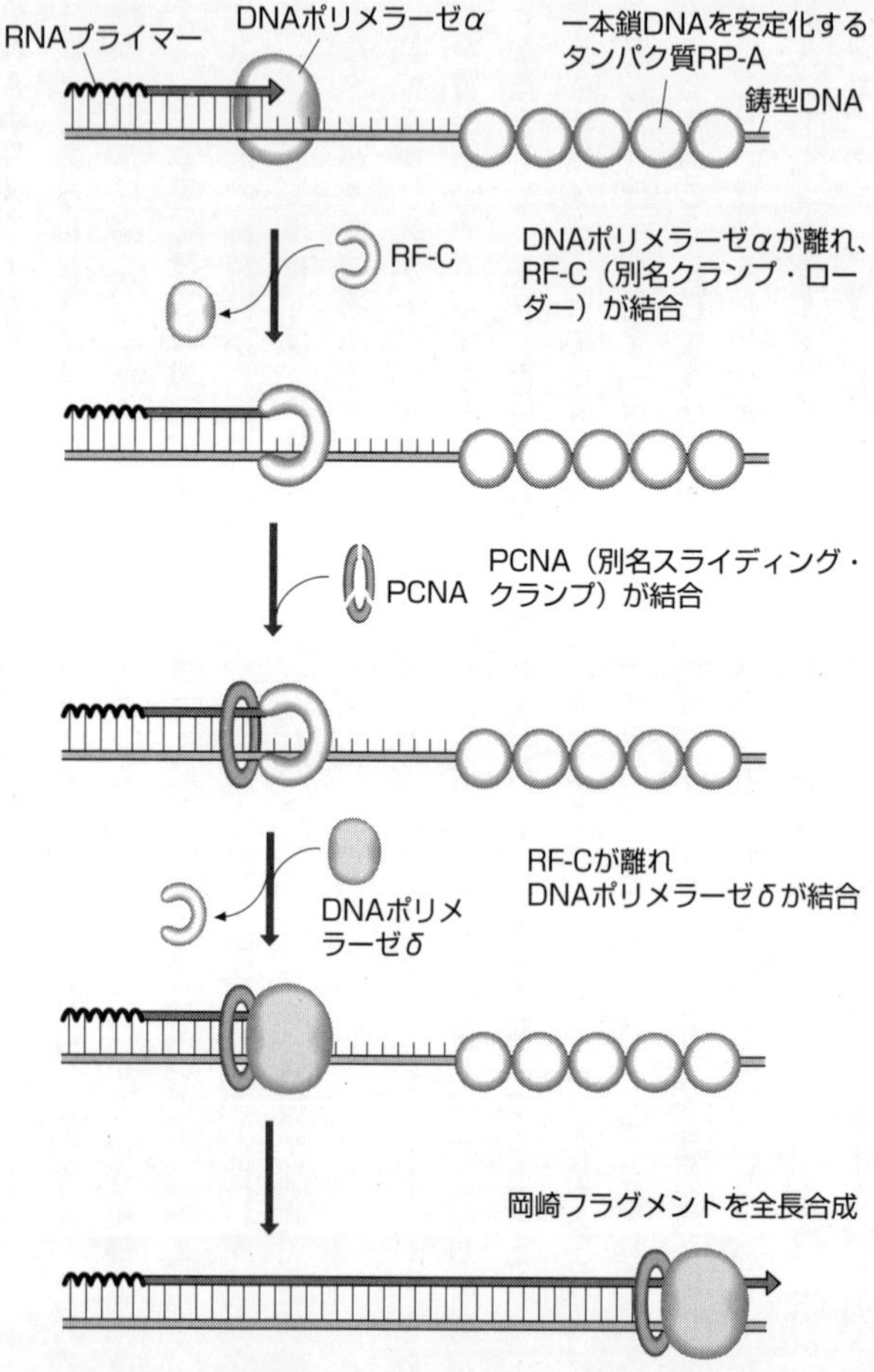

図2-3　ポリメラーゼ・スイッチ

といった意味である。RF‐Cは、クランプであるPCNAを引き寄せ、うまくDNAをリング状にとり囲めるようにする役割をもっている。

ところが、ここで三女が文句をいう。「私は一体何をすればいいの！」

三女であるDNAポリメラーゼε（イプシロン）は、一九八六年に発見されたタンパク質である。当初は、DNAポリメラーゼδのアイソタイプ、すなわち双生児のようなものであると思われていたが、研究が進むにつれて、次女とはまったく異なる性質をもつタンパク質であることがわかり、「第三のDNAポリメラーゼ」として独立することになったのである。

DNAポリメラーゼεも持続性が高く、正確性も高いタンパク質で、しかも次女のようにPCNAを必要としない。ということは、塩基を重合させるというポリメラーゼ反応の性質を考えれば、三姉妹のうち三女が最強、ということにもなる。

このように、DNAポリメラーゼδとεのそれぞれの性質に関してはかなり明らかになってきているが、実際の細胞内で両者がどう役割分担しているかについては、まだ議論の余地がある。最も可能性のある説は、日本のDNA複製学界を率いる大阪大学教授・杉野明雄博士らによるモデルだ。

すなわち、DNAポリメラーゼαによってRNAプライマー合成（とその先の短いDNA合成）が行われた後、ラギング鎖の岡崎フラグメントはDNAポリメラーゼδが合成し、リーディング

ポリメラーゼ三姉妹の役割分担

鎖は高い持続性をもつＤＮＡポリメラーゼεが合成する、というものである。それぞれにちゃんと活躍する場があるのだ。本書ではこれ以降、このモデルに沿って話を進めていくことにする（図４‐１、図４‐２に詳細図あり、参照のこと）。

忠実なＤＮＡ複製

さて、ＤＮＡ複製が「複製」といわれるゆえんは、ＭＣＭヘリカーゼによって開かれて鋳型となった一本鎖ＤＮＡの塩基に、必ず決まった塩基がペアとなって結合していく「正確性」にある。ペアとは「ＡとＴ」「ＧとＣ」のことをいう。たとえば、鋳型のＤＮＡの配列がＴＴＡＡＣＣＧＴＧＣＡだとすれば、ペアは必ずＡＡＴＴＧＧＣＡＣＧＴとなるはずである（図２‐４）。

ＤＮＡポリメラーゼの、こうした正確なペアリングを行う性質のことを、すでに述べたように「複製忠実度」、英語で「フィデリティー」という。

細胞からDNAポリメラーゼを純粋にとり出し、試験管の中でDNA複製反応を行わせると、一〇万回に一回から数回程度の間違いを犯すだけで、あとは完全に正確に複製してくれるのだが、それではそうした正確性は、一体どのような構造からもたらされるのだろうか。

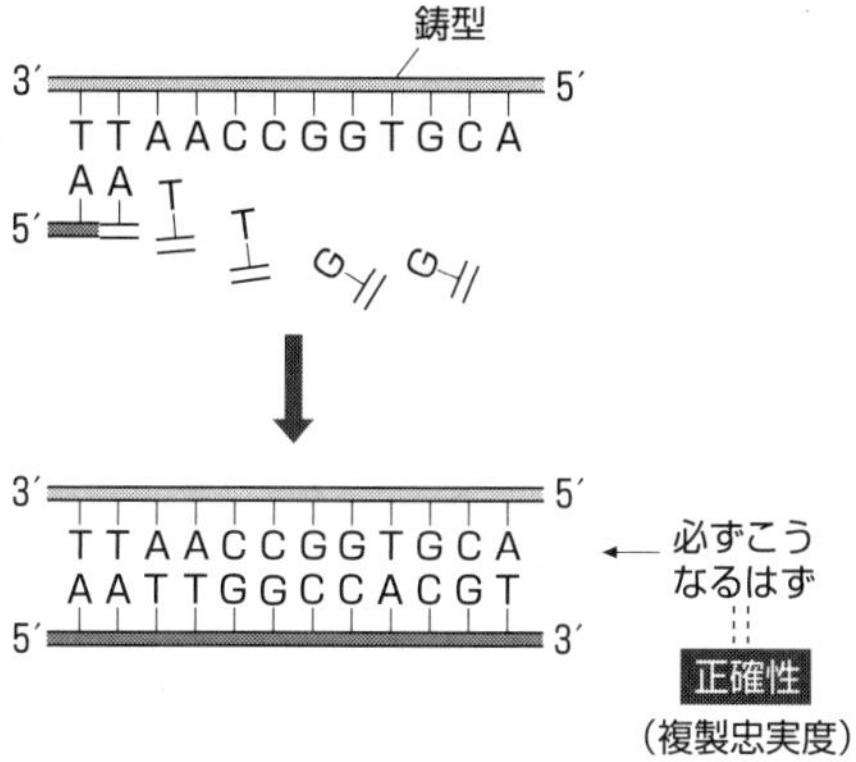

図2-4　DNA複製の正確性

右手は語る——パートナー塩基の見分け方

さあ、ここで読者のみなさんの右手をお借りして説明しよう。

右手を開いてみていただきたい。そこには手のひらがあり、それをはさむようにして親指と、四本の指がついている。

ここでは、四本の指を一つの「領域」ととらえてみていただきたい。そうすると右手には「指」「手のひ

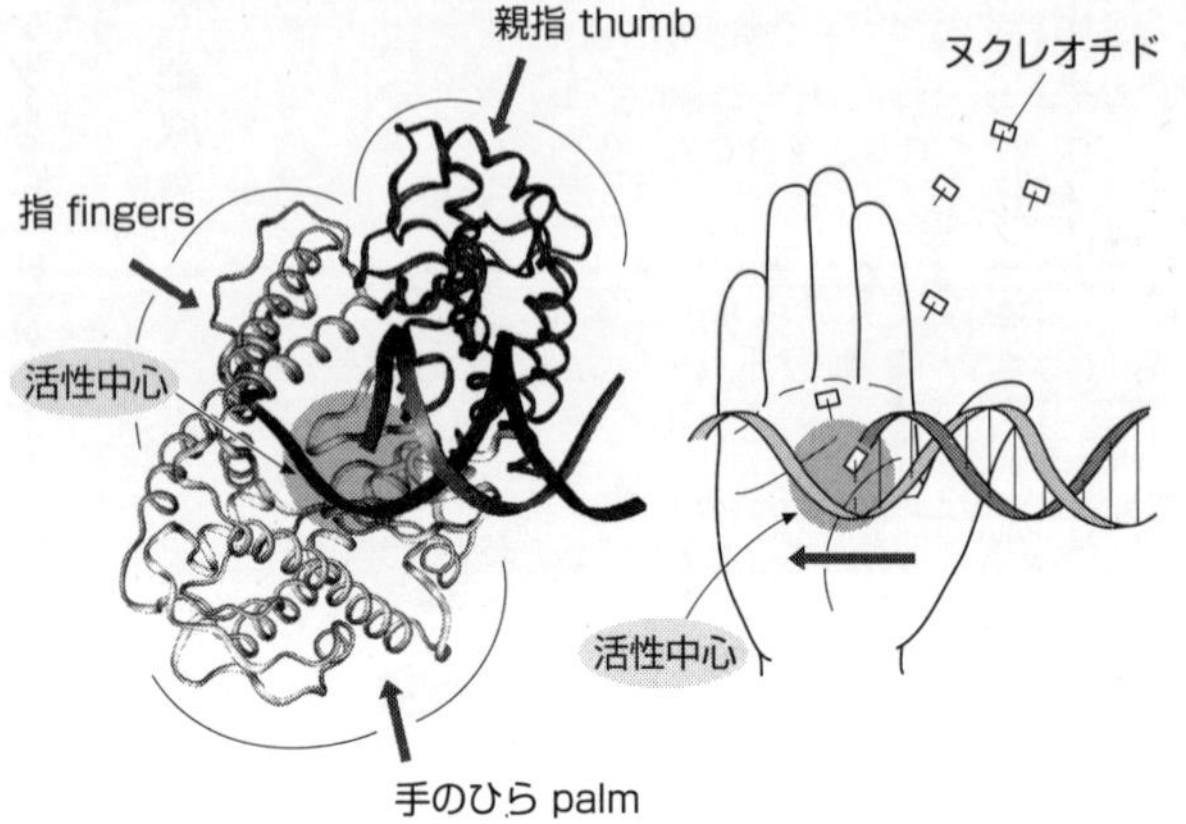

（三次元モデル：名古屋大学・鈴木元博士のご厚意による）

図2-5　DNAポリメラーゼの右手モデル

ら」「親指」の三つの領域が存在していることがわかる。

それでは次に、何かそこらへんにある手ごろな棒を左手にもち、上に向けて開いた右手の上にそっと置いてみよう。ここでは、親指もその他の指と同じ側にくるようにしていただきたい。「握る」のではなく「置く」のである。

もうおわかりだと思うが、読者のみなさんの右手と置かれた棒は、ＤＮＡポリメラーゼ（右手）とＤＮＡ（棒）の複合体なのである。なぜこのようなたとえを用いるかといえば、ＤＮＡポリメラーゼがポリメラーゼ反応をつかさどる最も重要な部分（活性中心）は、文字通り「右手モデル」と呼ばれるモデルによってその構造が説明されているからである。

Ｘ線回折により、ポリメラーゼ反応の中心すなわち活性中心は、fingers（指）、palm（手のひら）、thumb（親指）領域とＤＮＡに包み込まれるようにして存在することが明らかとなっている（図２‐５）。これらの領域が構造変化をくり返しながら塩基の重合反応（ポリメラーゼ反応）を進めていく。

とくにfingers領域が三〇〜四〇度折れ曲がることが、開いた状態（オープン型）が閉じた状態（クローズド型）に変換する際、特徴的に観察される。要するに、右手の四本指がまとまって開いたり閉じたりするのと同じ要領だと考えていただければいいだろう。指が閉じたとき、新しい塩基ががっちりと鋳型の上にとり込まれるのである。

クローズド型に変換した際に鋳型ＤＮＡ上に露出している塩基が「Ａ」だった場合、fingers、palm、thumbの三つの領域に挟まれた空間が、ちょうど「Ｔ」が入り込むのにフィットする形になる。鋳型が「Ｇ」なら「Ｃ」が最もフィットした形になるし、鋳型が「Ｔ」なら「Ａ」が最も適した空間となる。つまり鋳型ＤＮＡとＤＮＡポリメラーゼ、そして正しいパートナー塩基が、クローズド型ではがっちりと安定した複合体を形成するのである。

いってみれば、鍵穴に正しい鍵が差し込まれ、非常にすんなりと鍵が開くのと同じであり、これが、正確性をもたらす構造的基盤である。

こうした正しいパートナー塩基がとり込まれる反応はきわめて短くて済む。

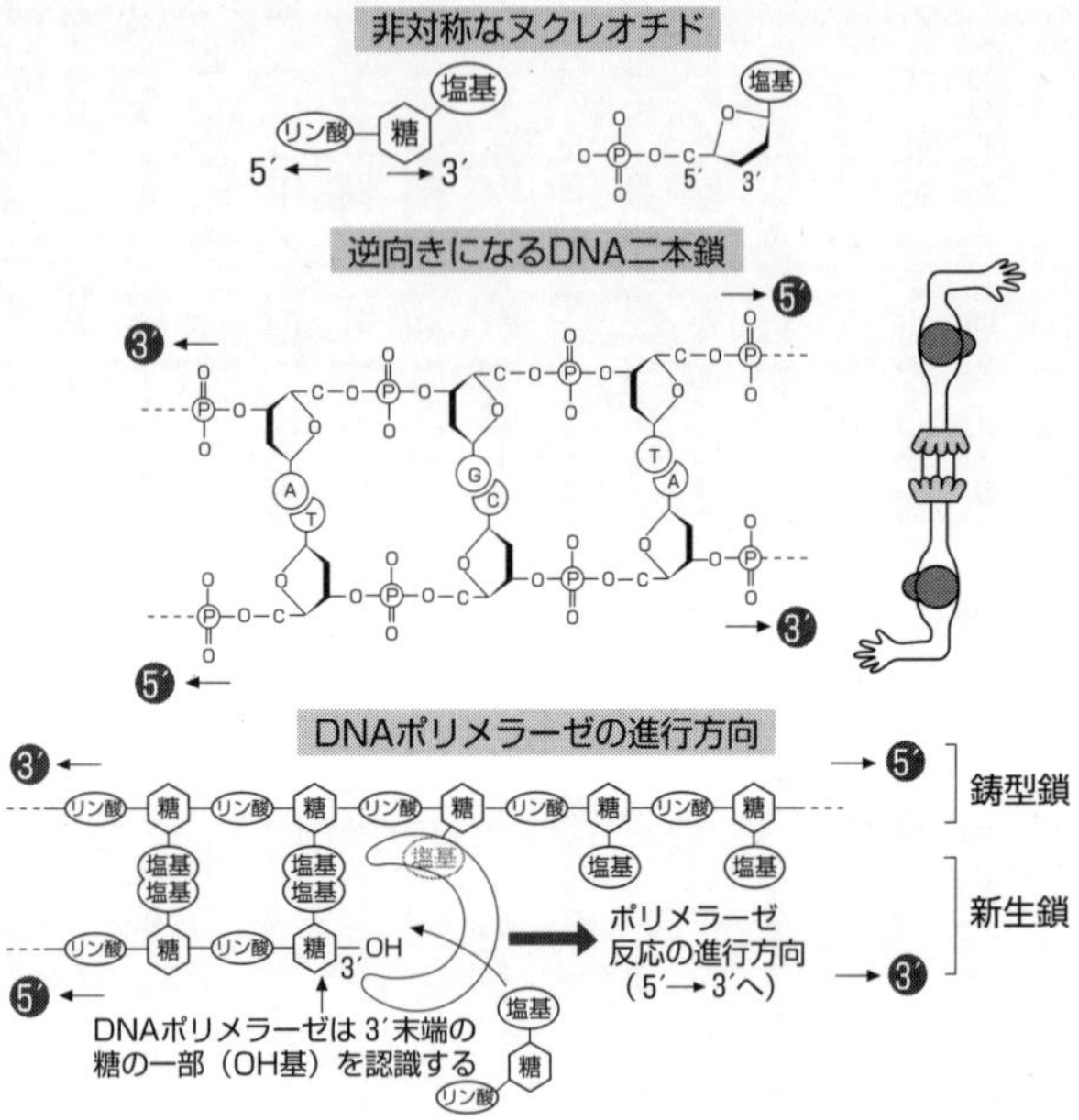

図2-6　DNAの方向性

DNAの方向性

日本の各地に、一方通行になっている道路はたくさんある。一方通行道路の出口には進入禁止の標識があり、また入口には矢印標識がある。普通のドライバーならばちゃんとそれを認識するから、一方通行を逆走することはめったにないはずだが、ときどき逆走している車を見かけることがある。

ＤＮＡポリメラーゼは、このような逆走はけっして行わない。それは、ＤＮＡに方向性が存在するからだ。ＤＮＡの方向性は、塩基と塩基を横につないでＤＮＡを形づくるやり方が非対称であることから生じる。つまり、DNAの構成単位であるヌクレオチドそのものが非対称な形をしているからである（図2－6）。

図2－6のヌクレオチドを見てみると、DNAの幹の部分を構成するリン酸と糖に関していえば、左側にリン酸が、右側に糖が並ぶ。つまり、ヌクレオチドには左右の方向性が存在するのである。

実際には左、右といった呼び方ではなく、リン酸側を5′（5ダッシュ）、糖側を3′（3ダッシュ）という名前で呼んでいる。第1章23ページで述べた子どもの列でたとえれば、前の子の左肩に置いた左手が5′、後ろの子に左手を置かれた左肩が3′、というわけである。

このような方向性をもったDNAが、伸ばした右手（塩基）同士の結合により二重になるわけだから、必然的に相手の鎖は逆向きになるのである。

すべてのDNAポリメラーゼは、DNAの末端にある糖の一部（3′末端と呼ぶ）を認識し、そこに次のヌクレオチドのリン酸を共有結合させる性質がある。というよりも、それしかできないのである。けっしてリン酸（5′末端）を認識して、そこに次のヌクレオチドの糖を付加することはない（図2－6）。

その結果としてヌクレオチド重合反応（ポリメラーゼ反応）は、5′から3′の方向へしか行われないことになる。3′から5′へのポリメラーゼ反応（逆走）は一切起こらない。

なぜDNAポリメラーゼは、通常とは逆にリン酸の側を認識し、そこに糖を付加することができないの? という疑問に対しては、あいにく構造的にそうなっているからだ、としか答えようがない。

地球外生命体があるとすれば、もしかすると逆の方向(3'から5'の方向)へDNAを合成するDNAポリメラーゼをもっているかもしれないが。

DNAポリメラーゼのもう一つの機能

さて、DNAポリメラーゼは、試験管内では一〇万回に一回程度の間違いを起こすが、驚くべきことに、これが細胞の中ではたらくと、一〇〇億回に一回の間違いしか起こさないほどにまで性能がアップすると考えられている。

いや実際には性能アップというより、あるシステムがはたらくことによりDNAポリメラーゼの間違いが校正されるのである。

次に、そのからくりについてお話しすることにしよう。

長女であるDNAポリメラーゼαにはプライマーゼがくっついていることを述べたが、それとは別に、DNAポリメラーゼ三姉妹のうち、次女(DNAポリメラーゼδ)と三女(DNAポリメラーゼε)に共通の性質として、もう一つ別の機能がくっついていることが知られている。くっついているとはいっても、プライマーゼのように別のサブユニットとしてくっついているわけではない。ポリメラーゼ反応を行うサブユニットそのものが、二つの機能をもっているのである。

一つはいうまでもなくポリメラーゼ反応を行う機能であり、それによって塩基が決まったペアを形成しながら鋳型の上に結合し、新たなＤＮＡ鎖を形成していく。

それではもう一つとは何か。その機能は「3′-5′エクソヌクレアーゼ」と呼ばれている。本書ではこれ以降、単に「エクソヌクレアーゼ」と呼ぶ。

これら二つの反応をつかさどる部分は、同じサブユニットの中にやや離れて存在している（図2-7）。

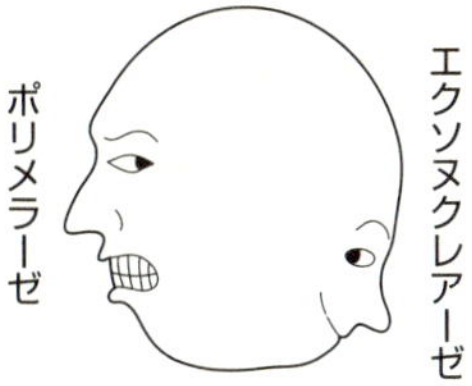

図2-7　1つのサブユニットに2つの機能

では、エクソヌクレアーゼ反応とは一体どういう反応なのだろうか。

エクソヌクレアーゼという名の消しゴム

ワープロ、パソコンの普及によって、その存在感が徐々に失われつつある消しゴムであるが、やはり今でもちょっとしたメモ書きのときに効力を発揮するし、学校でも頻繁に使われている。筆者の独断と偏見で眺めると、消しゴムにも二種類あって、一方は鉛筆と独立した単体で「消しゴム」として機能する物体であり、もう一方は鉛筆のお尻

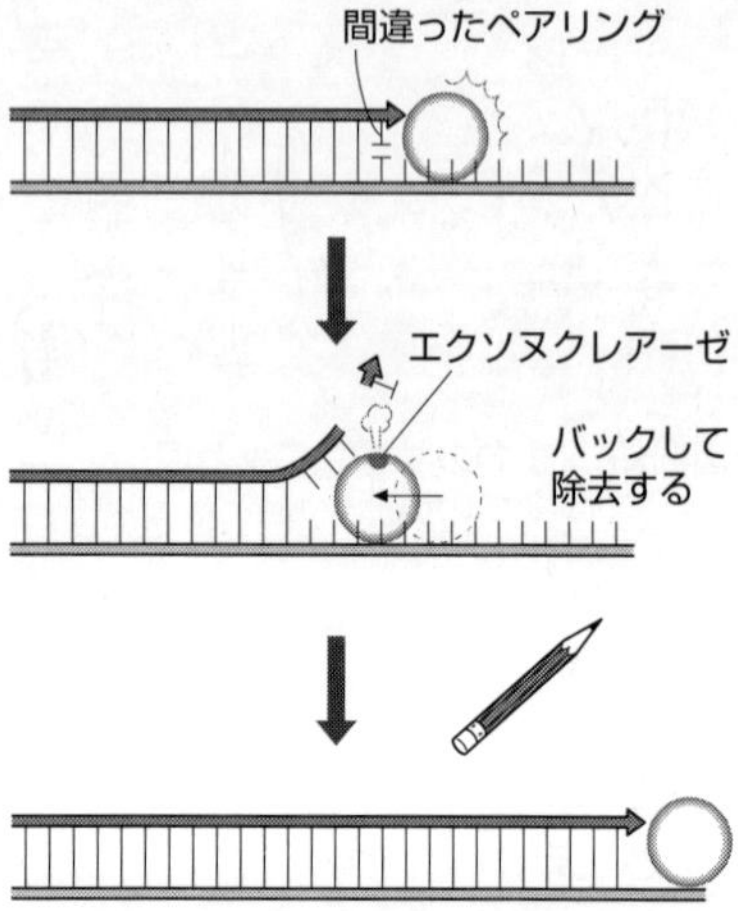

図2-8　エクソヌクレアーゼのはたらき

に申し訳なさそうにくっついたみじめな物体である。

小さい頃から、独立した消しゴムはとてもきれいに鉛筆の字を消せるのに、なんで鉛筆のお尻にくっついた小さな消しゴムは消しづらく、消しても鉛筆の跡が汚く残るのか疑問であった。小さいなら小さいなりに、せめて機能だけでも充実させてやればいいのにと、つとにこの消しゴムを可哀想に思っていたものである。

DNAポリメラーゼは、ほぼ一〇〇パーセントの確率で、Aに対してT、Cに対してG、Gに対してC、そしてTに対してAの塩基をペアにすることができるのだが、先に述べたように一〇万分の一程度の確率で、間違った塩基をペアリングさせてしまうことがある。

間違った塩基を入れてしまったDNAポリメラーゼは、もちろんそれをただ放置しておくだけではない。

間違った塩基がそこにあると、DNAとDNAポリメラーゼを含む活性中心の立体構造が少々おかしくなる。するとDNAポリメラーゼは、少しだけバ、ッ、ク、し、て、間違った塩基をとり除くのだ。これが「エクソヌクレアーゼ反応」である（図2-8）。

そう。エクソヌクレアーゼは、DNAポリメラーゼを鉛筆とすると、それにくっついた消しゴムのようなはたらきをするのである。エクソヌクレアーゼがDNAポリメラーゼにくっついているおかげで、ポリメラーゼの正確性は一〇倍から数百倍も高くなる、と考えられているのだ。

しかし、このお尻にくっついた「消しゴム」では、やはり消し残しがある。必ずしもすべての間違いが校正されるわけではない。では、エクソヌクレアーゼでも直しきれなかった部分はいかにして直されるのか、次に控えている技を紹介しよう。

ミスマッチ修復

細菌からヒトに至るまで、生物にはDNA上に生じた変異を修復するメカニズムが備わっている。修復メカニズムにはさまざまなものが存在するが、このうち「ミスマッチ修復」と呼ばれる修復機構は、DNAポリメラーゼが間違った塩基をとり込み、かつこれがエクソヌクレアーゼでは修復できなかった際に生じる「ミスマッチ」に対して機能する。つまりペアではない塩基同士のペアリングによりDNAの構造がおかしくなった部分を認識し、これを修復することができるのである。

ミスマッチが生じると、いってみればDNAの一部が「こぶ」のようにふくらんでしまう。これを昔話「こぶとりじいさん」にたとえてみると、こぶをとってくれる鬼が、ミスマッチ修復タンパク質と呼ばれる一群のタンパク質というわけである。

よく研究されている大腸菌のシステムについて説明しよう。

ミスマッチ修復は、「MutS」「MutL」と呼ばれるタンパク質が「こぶ」を認識し、そこに結合することからスタートする。

修復が行われるためには、DNA二本鎖のどちらが正しい塩基配列をもった鋳型で、どちらが間違いを起こした新生DNA鎖かが認識されたうえでなければならないが、新しく合成された鎖には「メチル化」と呼ばれる修飾がされていないので、容易に見分けることができる。

図2-9では、MutSとMutLが、DNAをたぐり寄せるようにしてメチル化されている部分を探し、メチル化されていないほうの鎖を「間違いを起こした鎖」として認識する、とするモデルを示してある。

続いて、そこに「MutH」と呼ばれるタンパク質がやってきて、メチル化されていないDNAに結合し、切り込みを入れる。

さらにエクソヌクレアーゼ（DNAポリメラーゼにくっついているものとは別物）が「こぶ」を含むDNA鎖をとり除き、そこに修復反応をつかさどるDNAポリメラーゼが結合し、新しい

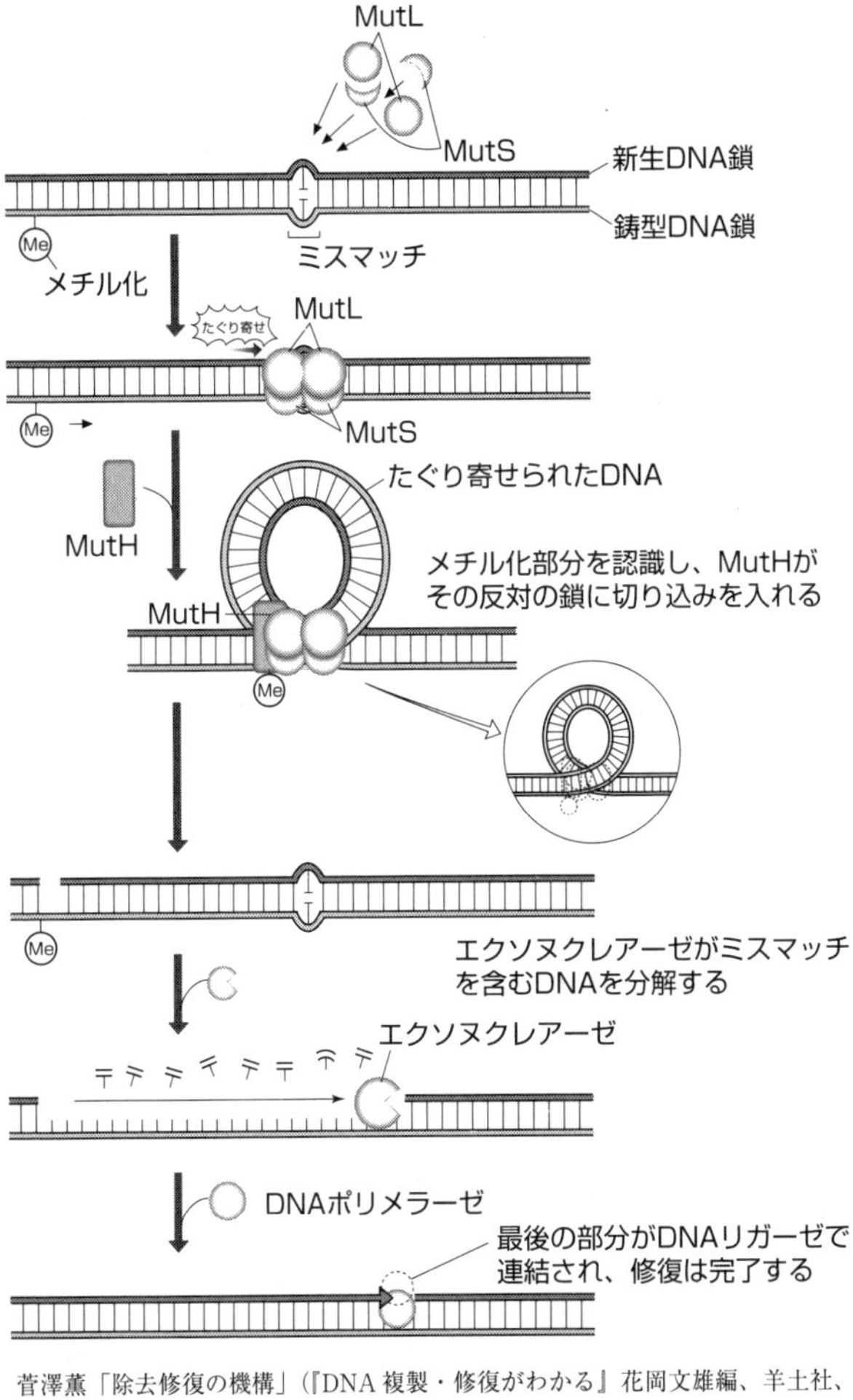

菅澤薫「除去修復の機構」(『DNA 複製・修復がわかる』花岡文雄編、羊土社、2004年）より改変して引用

図2-9　ミスマッチ修復機構

DNAを合成するのである。

昔話のこぶとりじいさんでは一匹の鬼がこぶをとってくれたが、ミスマッチ修復では赤鬼、青鬼など数匹の鬼が共同してこぶをとってくれるのだ。

ヒトでも、大腸菌のMutS、MutLに相当するタンパク質が発見されつつあり、基本的なメカニズムは同じであろう。

図2-9でもわかる通り、ミスマッチ修復は、ミスマッチだけをとり除くのではなく、かなり大きな範囲にわたって新生DNA鎖をとり除くので、ミスマッチが生じた瞬間にはたらくシステムではないことがわかる。とくに、大腸菌で「ロングパッチ修復」と呼ばれるミスマッチ修復機構では、一〇〇〇塩基以上もの長さにわたって新生DNA鎖がとり除かれると考えられている。

新しく合成されたDNAもいずれはメチル化されるが、メチル化は複製された直後ではなく、しばらく時間を置いてから起こる。その時間を利用してミスマッチ修復機構がはたらくといわれているが、どの程度の時間差があるかについては、明確な答えはまだない。

このように、一〇万回に一回というDNAポリメラーゼの間違いやすさは、その尻にくっついた消しゴムとしてのエクソヌクレアーゼと、こぶとりじいさんの鬼としてのミスマッチ修復機構によって補完される。その結果DNA複製は、塩基のペアリングを一〇〇億回に一回しか間違わないという、きわめて正確な状態をつくり出すことができるのである。

ミトコンドリアのDNAポリメラーゼ

最後に、ミトコンドリアについて少しだけ述べておこう。

ミトコンドリアは、私たち真核生物の細胞質の中に無数に存在する小さな構造体で、生物共通のエネルギー通貨であるATP（アデノシン三リン酸）をつくり出す細胞内小器官である。

瀬名秀明氏の小説『パラサイト・イヴ』は、ミトコンドリアが私たち人間を支配しようとしているというコンセプトで書かれたホラー小説で、一九九五年に第二回日本ホラー小説大賞を受賞した。瀬名氏がミトコンドリアを専門とする現役の生化学者だったということもあり、私たち研究者のあいだでも話題となったものである。

もちろんこの小説は創作であるが、題名となっている「パラサイト」という言葉には、じつはフィクションだとはいい切れない科学的根拠が含まれていて興味深い。

それは、ミトコンドリアは太古の昔、細菌の仲間である独立した生物であったが、私たちの祖先の細菌に入り込み、共生関係を結んだ結果として、現在のミトコンドリアになったという説である。この説は進化学者のあいだではほぼ定説となっている（図2-10）。

ミトコンドリアには、核のDNAとは別個の、独立したDNAがある。おそらくそれは、独立した生物だった頃の名残であろうといわれている。しかもそれは、核のDNAとはまったく違う形状をしており、複製のされ方も違うというから驚きだ。

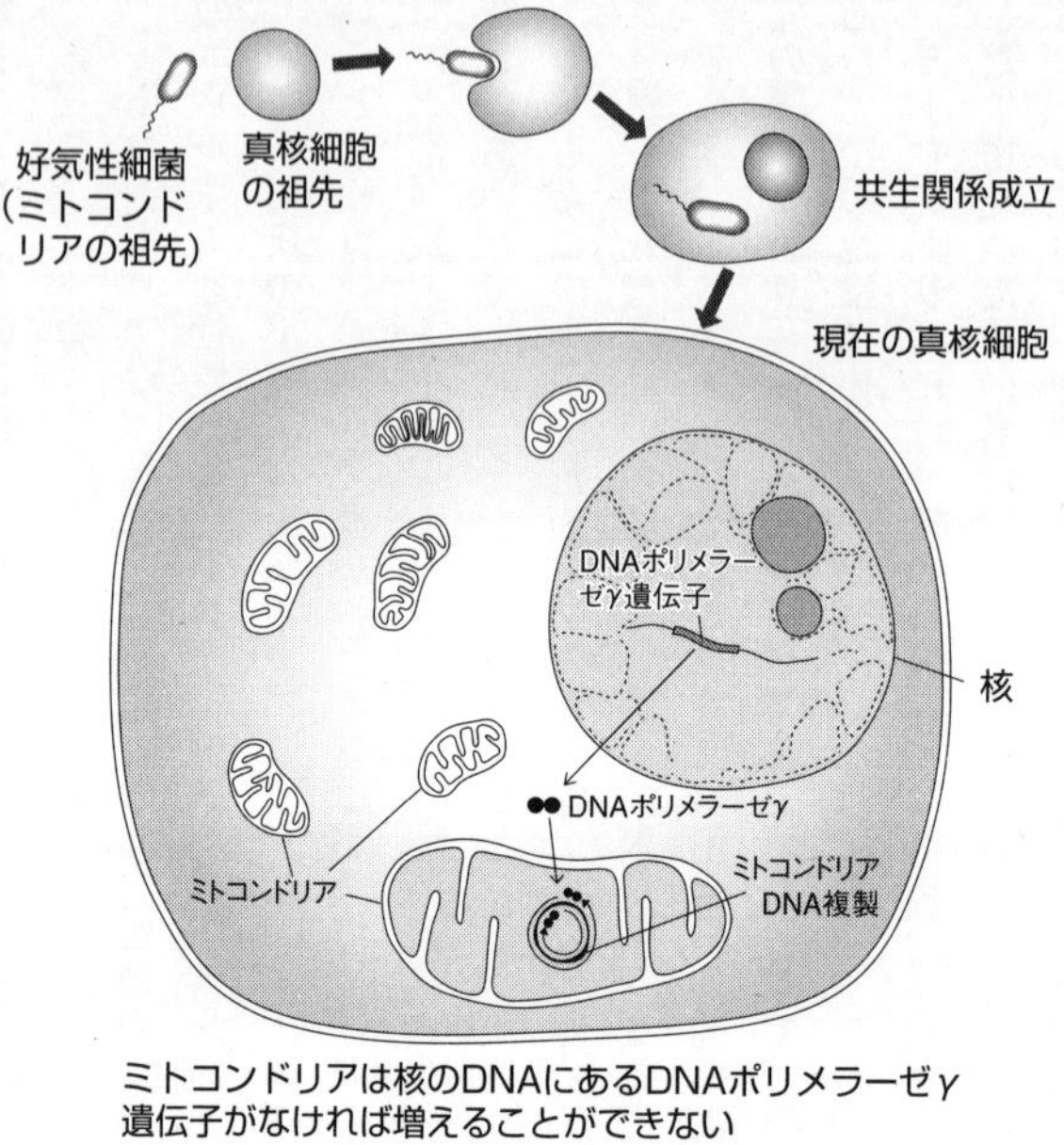

図2-10　ミトコンドリアと核の関係

前置きが長くなったが、ミトコンドリアのＤＮＡ複製について、ここで少しだけ触れておこう。

核のＤＮＡは環状ではなく、引き伸ばせば染色体単位ごとに一本の線となる「線状ＤＮＡ」なのだが、ミトコンドリアに含まれるＤＮＡは、右の仮説を支持するかのように、大腸菌など現在の原核生物のもつＤＮＡと同じ「環状ＤＮＡ」、つまりワッカになっているのだ。

そしてその複製方法は、核のＤＮＡのように複製フォークが左右に開いていく方式ではなく、「置き換え型複製」と呼ばれる様式で複製される。また、「ローリングサークル型複製」と呼ばれる様式で複製されるという報告もある（第6章193ページ参照のこと）。

ミトコンドリアのDNAを複製するのは、DNAポリメラーゼγ（ガンマ）と呼ばれる、真核生物で三番目に発見されたDNAポリメラーゼである。ミトコンドリアが細菌由来であるという仮説を裏づけるかのように、DNAポリメラーゼγは、コーンバーグが発見した大腸菌のDNAポリメラーゼ（52ページ参照のこと）と同じグループに属する。「おれたちは元々は細菌だったんだぜ」といわんばかりだが、そのくせDNAポリメラーゼγの遺伝子自体は核のDNAにあるのだ。これは、進化の過程で遺伝子転移が生じた結果、このDNAポリメラーゼの遺伝子がミトコンドリアのDNAから核のDNAへと移ってしまったからだと考えられている（図2-10）。

DNAポリメラーゼという存在

DNAを表題とした書物はこれまで数多く出版されている。書店の本棚を見渡してみても、『がんとDNA』『DNAと遺伝情報』『DNA』といった本が並び、中には『DNAに魂はあるか』といったショッキングなタイトルのものまであるにもかかわらず、その最大の特徴たるDNA複製になくてはならないもう一方の主役、DNAポリメラーゼについては「ポ」の字も見あたらないほど差別的な扱いをされている。

その原因としては、DNAポリメラーゼという長い名前が覚えにくいという単純な要因の他にも、DNAポリメラーゼが私たちの生活にあまり身近でないという非学術的な理由がある。たしかに、DNAポリメラーゼについて身の回りで話題にのぼることはないが、それはDNAポリメラーゼが私たちの生活に、とりわけ直接的、積極的に関わってくることがないからだ。

しかしながら、DNAについてもそれはいえる。

ふだんの何気ない生活の中で、DNAが私たちの生活に直接「何か」の作用を及ぼしている事例を、果たして具体的に挙げることができるだろうか。

DNAというある意味ではショッキングな物質の存在は、私たちの精神的健康にとってずっしりと重い手枷足枷(てかせあしかせ)となることはあっても、それはあくまでも学問上、倫理上の話である。たとえ今後医療の分野でDNA診断が普及していくとしても、現段階でDNAが問題となるのは、犯罪者の特定や親子鑑定など特殊な場合である。

それならば、DNAがDNAとしての威力を発揮する「複製」という現象を直接担っているDNAポリメラーゼの存在もまた、DNA同様に重要な意味をもってくるのではないか、筆者にはそう思えてならない。

コラム

がん細胞を自殺へと追い込む

ＤＮＡポリメラーゼαを標的にした抗がん剤開発のための基礎研究が、神戸学院大学で進められている。研究を推進しているのは、三二歳の若さで助教授となった気鋭の水品（みずしな）善之博士である（図１‐２）。

水品さんの研究室では、食品素材や海産物、植物など、天然の生物からさまざまな低分子物質をとり出して、そのＤＮＡ複製に対する影響を調べている。

彼は研究室の学生を総動員して、たくさんの化合物をいろいろな天然物から選び出して（スクリーニングして）いるが、その中に、ＤＮＡポリメラーゼ三姉妹の中でもＤＮＡポリメラーゼαの活性だけを抑制する「デヒドロアルテヌシン」という化合物がある。

デヒドロアルテヌシンは、もともとイチイという樹木に寄生するカビの一種から採られた低分子化合物である（図２‐11）。

水品さんは、東京理科大学に在籍していた二〇〇〇年に、デヒ

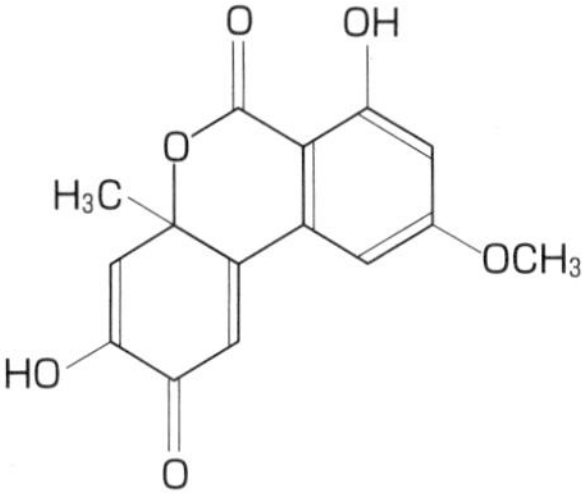

図2-11 デヒドロアルテヌシンの構造

ドロアルテヌシンが哺乳類のＤＮＡポリメラーゼαだけを非常に強く阻害することを見つけ、米国の科学誌『ジャーナル・オブ・バイオロジカル・ケミストリー（ＪＢＣ）』に報告した。デヒドロアルテヌシンはＤＮＡポリメラーゼαのみを阻害し、ＤＮＡポリメラーゼδ、εは阻害しない。

さらに、デヒドロアルテヌシンをヒトの胃がん細胞株であるＮＵＧＣ‐３細胞に加えると、非常に効率よくアポトーシスを引き起こすことがわかった。

アポトーシスとは、プログラムされた細胞死のことであり、細胞の自殺、などといわれることもある。すなわち、細胞が何らかの原因により自分で自分のＤＮＡを断片化し、核をバラバラにして自殺してしまうのだ。

がん細胞とは、異常事態に陥っても自殺することができずに、そのまま悪性化してしまった細胞であると見なすこともできる。したがって、がん細胞をアポトーシスへと誘導するデヒドロアルテヌシンの作用は、がん治療に効果的であると考えられる。

このことは一方で、ＤＮＡポリメラーゼαがはたらかなくなると、がん細胞はアポトーシスを引き起こすということも意味している。これ以上増えることができないと「観念」したがん細胞が、自らの命を絶つわけだ。

ＤＮＡポリメラーゼαを標的とした抗がん剤に、ＡｒａＣと呼ばれる化合物があるが、デヒドロアルテヌシンはそれよりも低濃度で細胞を自殺させることができるため、抗がん剤としても非常に有効であると考えられる。

今後の研究の進展が大いに期待されている。

第3章

DNAポリメラーゼはいかに**間違**うか

～驚くべきいい加減さ～

第1節　花形ポリメラーゼによる「間違い」

壮大なるいい加減さ

技術の発展とともに、人間が行うべき仕事をロボットがかわりに行うといった場面が増えてきた。

外科手術などの微妙な現場においてさえロボットが登場してきているが、患者の立場としてはそれでもなお人間の医者に執刀してもらいたいのが人情であろう。それは人間のほうがまだ臨機応変さにおいてロボットをしのいでいるからに他ならない。

だが裏を返せば、臨機応変さと何かちょっとしたことをミスする危うさとは、ほんの紙一重であるともいえる。生身の人間にはそうした危うさがあるのだ。だからこそ、精巧なロボットが開発される余地が生まれるのだろう。

ところが、こうした生身の人間の危うさと同じように、じつは細胞レベル、分子レベルにおいても「危うさ」を見出すことができるのである。それを「いい加減さ」と表現してもよいだろう。そして、そう表現されるものとは、だれあろう、われらがヒロインＤＮＡポリメラーゼなのである。

「いい加減さ」という言葉をＤＮＡポリメラーゼたちに対して使うと、きわめて不本意だとお叱りを受けるかもしれないが、ここではあえて使わせていただく。それは、「いい加減さ」という言葉が発せられる前提として、「ＤＮＡは必ず正確に複製されなければならない」という固定観念がはたらいているからであり、それを打破するのが本書の目的の一つだからである。

必ず正確に複製されなければならないなどと、一体だれが決めたのか。

それは、典型的なモデルとして見たワトソン＝クリックモデルに魅了された私たち人間が勝手に思い込んでいるだけではないだろうか。

じつは、ＤＮＡ複製というのは正確なものではないのである。ＤＮＡポリメラーゼというマシンを抱えるこのシステムが誤りを犯すからこそ、私たち生物は進化することができたわけだから。

だが一方において、誤りを犯すシステムが原因となり、「がん」という、現代を生きる私たち人間を苦しめる病気を生み出していることもまた事実である。

本章では、ＤＮＡ複製のダークサイドの一つである「変異」をもたらすことになる、ＤＮＡポリメラーゼの「いい加減さ」に焦点をあてたいと思う。ＤＮＡポリメラーゼ三姉妹の大きな落とし穴、ならびに名脇役であるＤＮＡポリメラーゼζ（ゼータ）、η（イータ）、ι（イオタ）、κ（カッパ）、そしてＲｅｖ１の役割について紹介し、その「いい加減さ」の妙を味わっていただきたい。

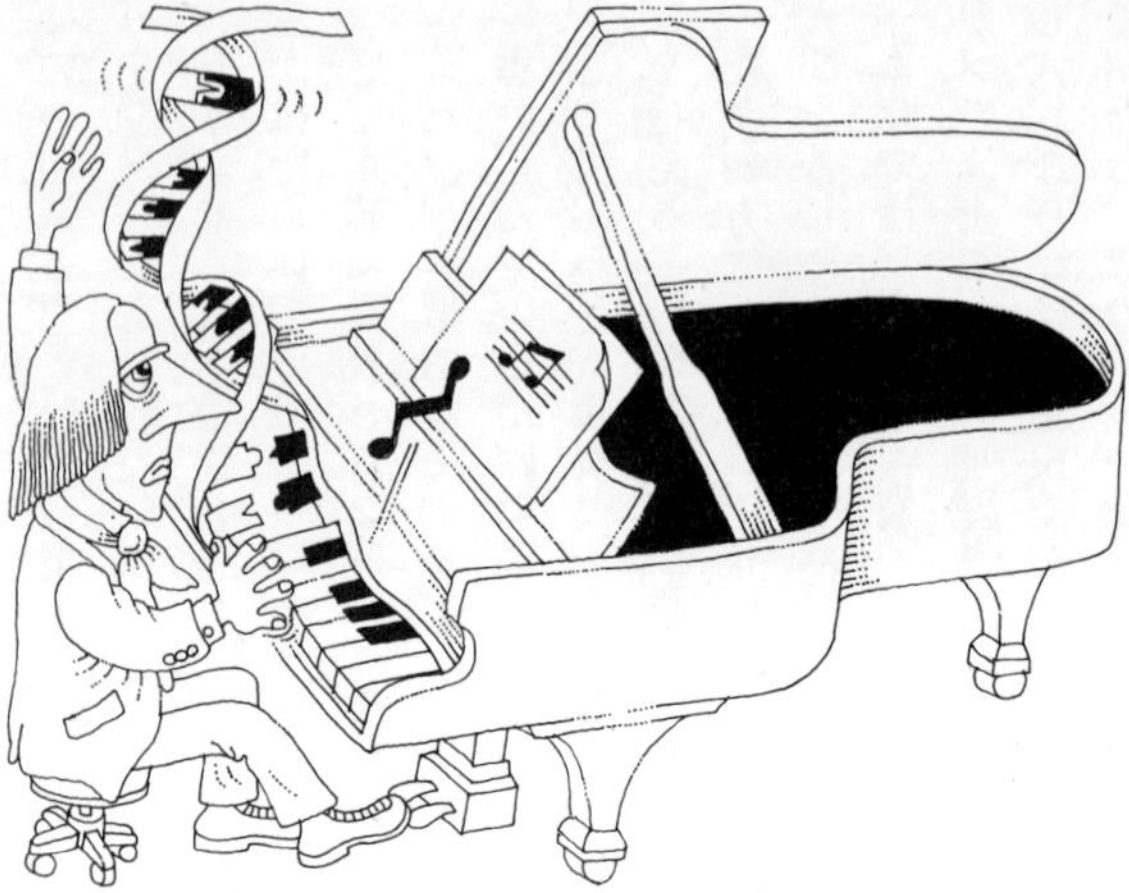

天才といえどもミスを犯す

複製エラー――花形といえどもミスを犯す

伝説的なピアニストであるリストやホロヴィッツにしても、また現代のカリスマ的ピアニスト、スタニスラフ・ブーニンにしても、長い曲を弾くうちにたった一ヵ所でも、右手小指で「シ」を叩くはずのところを間違って「ラ」の鍵盤を叩いてしまうことはきっとあるだろう。

天才がときどき見せる、そうしたしくじりの原因は何か、だれも答えようはあるまい。

あえていえば、それは「うっかりミス」である。天才といえども間違いは犯すのであり、DNAポリメラーゼとてそれは同じなのだ。

DNAポリメラーゼ三姉妹、α（アルファ）、δ（デルタ）、ε（イプシロン）に対して大自然が与えた役割は、なるべく正確にDNAを複製することであった。ただし、それは結果的に正確であればよく、DNAポリメラーゼそのものの正確さはというと、飛び抜けて高いというわけではない。第2章で述べたごとく、そもそもDNAポリメラーゼ三姉妹には、一〇万回に一回程度、間違った塩基をDNAにとり込んでしまう性質があるのだから。

通常ならば、Aと結合するパートナー塩基はTであり、Cと結合するパートナー塩基はGである。「右手モデル」で説明されるように、DNAポリメラーゼの活性中心における立体構造が、自然とパートナー塩基がきちんと結びつくように誘導してくれているから、手をつなぐことができるのである。

ところが、一〇万回に一回は、たとえどのようにしっかりした構造であっても、間違いを犯してしまう。たとえば鋳型のGのところに、本来ならばCが結合するはずなのに、GやTが結合してしまったりする。

こうした間違いを、私たちは「複製エラー」と呼ぶ。

ああ無情——消しゴムのとれた鉛筆

三姉妹がそろうと、ある一人が他の二人と違う点がどうしても出てくるものである。

第2章ですでに述べたが、筆者の妻も三姉妹の末っ子である。三姉妹のうち二人にはあるけれども残り一人にはない機能について、妻にたずねてみた。

すると、三人とも泳ぎは上手なほうだが、妻だけが平泳ぎが下手だという。いざくらべてみると何かしらあるものだ。このような状況は、くしくもDNAポリメラーゼ三姉妹と非常によく似ている。じつは、DNAポリメラーゼδ、εにはあるのに、DNAポリメラーゼαだけにはない、という機能があるからだ。

　DNAポリメラーゼ三姉妹のうちDNAポリメラーゼδとDNAポリメラーゼεは、複製エラーを瞬時に認識し、自分がもっている消しゴム、「エクソヌクレアーゼ」を使って修復することができる。その結果、正確性が数百倍にも高まり、間違いを犯す頻度は極度に減少する。ところが不思議なことに、DNAポリメラーゼαにだけ、間違った塩基をとり除く機能がないことが知られているのである（図3-1）。

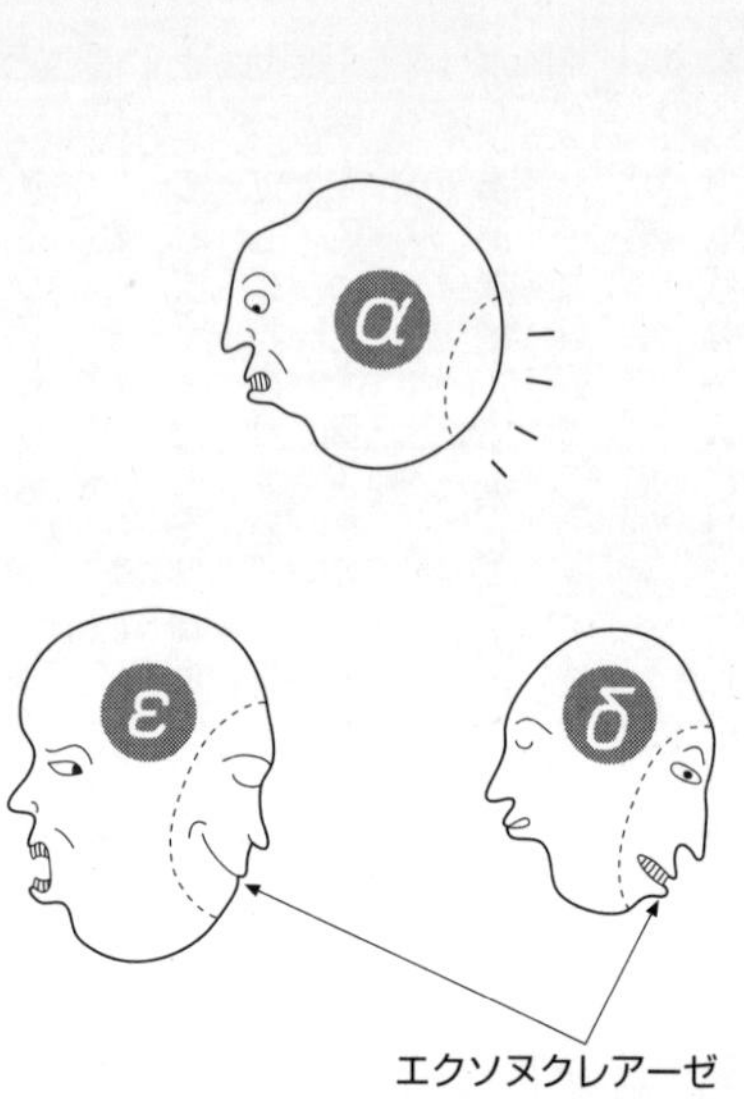

図3-1　DNAポリメラーゼαには
エクソヌクレアーゼがない？

　すなわち「エクソヌクレアーゼ」が「ない」のだ。じつはこれは私たちヒトなど哺乳類の場合であって、生物種によっては機能が「ある」場合もあるという報告もある。遺伝子を調べてみると、私たちのDNAポリメラーゼαにもかつてエクソヌクレアーゼがあった痕跡は残っており、どうやら進化の過程でその活性を失ってしまったらしい。

とにかく、消しゴムがない鉛筆ということになると、一度間違ってしまうと大変である。とり返しがつかないではないか。それを補完するため、独立したエクソヌクレアーゼがDNAポリメラーゼαにくっついているのではないかという論文も発表されているが、結局のところ真偽は今も定かではない。

ここで、第2章でお話しした基本的なDNA複製反応について思い起こしていただきたい。DNAポリメラーゼαが複製に携わるのは、RNAプライマーとその後のわずか十数塩基分の短いDNAにすぎなかった。その後を引き継いで、DNAポリメラーゼδもしくはεが複製を行う、というのがDNA複製の基本的なシステムだ。

DNAポリメラーゼαの関与する部分が、DNAポリメラーゼδやεとくらべてはるかに少ないのであれば、別にDNAポリメラーゼαに消しゴムがなくたって、生物にとってそんなに重大な問題にはならない、とも考えられる。

複製エラーの頻度が違う？

数の力というのは恐ろしいもので、圧倒的に数が多い場合、それが少数派を駆逐することはよくあることだ。

MCMヘリカーゼによって切り開かれて複製される二本のDNAは、それぞれ複製の方向性によって「リーディング鎖」「ラギング鎖」と呼ばれている（第1章45ページ参照のこと）。

じつは、ある特殊な条件でDNA複製を行わせると、リーディング鎖よりもラギング鎖のほうで、複製エラーの頻度が上昇するというデータがある。ある特殊な条件とは、四種類の塩基のうちどれか一つを過剰に与えた場合である。

そうすると、その過剰な塩基が、本来のパートナーとは異なる塩基とペアリングしてしまう、すなわち複製エラーを引き起こす頻度を高めてしまうという。そしてその確率が、リーディング鎖よりもラギング鎖のほうでより高くなる、というのだ。

ラギング鎖は、「一歩進んで二歩さがる」のたとえの通り、「岡崎フラグメント」と呼ばれる短いDNAが断続的に合成されることで複製が行われる。

一つ一つの岡崎フラグメントができるためには、それぞれRNAプライマーが必要である。RNAプライマーを複製開始時点でのみ必要とするリーディング鎖にくらべ、RNAプライマーの合成頻度は必然的にラギング鎖のほうが多くなる。すなわち、プライマーゼを引き連れているDNAポリメラーゼαの関与は、ラギング鎖のほうで格段に多くなっているといえる（図3-2）。

このように書くと、いかにも直接的な関係があるように思われるだろうが、たとえば第2章56

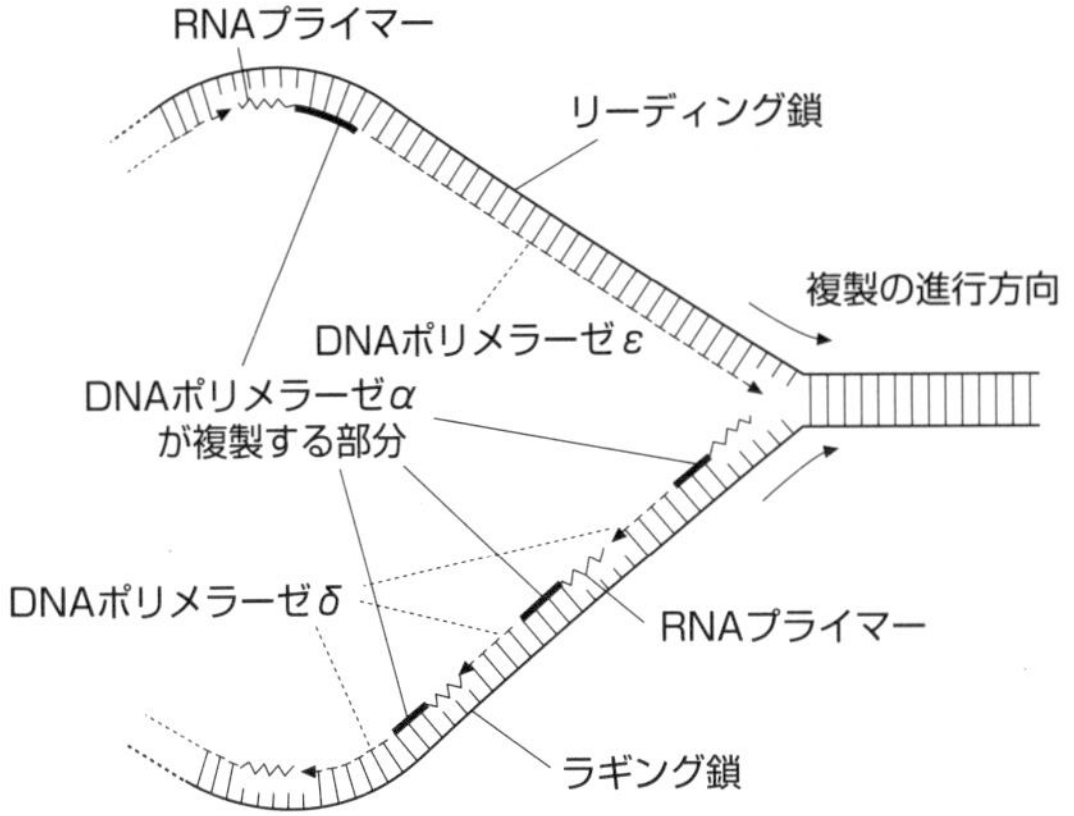

実際には、この図で描いたよりも、DNAポリメラーゼαが複製するDNAの長さの割合（δ、εに対する）はもっと少ない

図3‐2　DNAポリメラーゼαが複製する部分はラギング鎖のほうが多くなる

ページ（図2‐2）ならびに57ページで述べたように、RNAプライマーがとり除かれる際、DNAポリメラーゼαが合成したDNAも一緒にとり除かれ、結果としてDNAポリメラーゼαが関わった部分は後に残らないという考え方もある。

さらに第2章63ページで述べたように、DNAポリメラーゼαの後、ラギング鎖はDNAポリメラーゼδ、リーディング鎖はDNAポリメラーゼεが複製するのだとすれば、両者の違いも考慮に入れなければならなくなる。

このように、複製エラーの頻度が高いこととDNAポリメラーゼαの関与が多いことの直接的な因果関係は、まだ証明されているわけではない。ただ、過剰な塩基を加えるという「ストレス」をかけることでリーディング鎖とラギング鎖のエラー頻度に変化が現れるという実験結果は、たとえストレスを与えずとも、もともとのラギング鎖に複製エラーを起こしやすくする何らかの原因が存在していることを示しているのは間違いないだろう。今後の研究に大いに期待したい。

エクソヌクレアーゼと発がん

もし、ワープロに「Back Space」キーがなかったらどうなるだろうか、と考えながら、筆者は「はた」と気がついた。DNAポリメラーゼという鉛筆にくっついたエクソヌクレアーゼという名の消しゴムのたとえが、果たして最適だったかどうかということだ。

DNAポリメラーゼが塩基を鋳型DNAの上に次から次へと置いていく反応（ポリメラーゼ反応）は、筆者が今こうしてキーボードを叩き続けることでパソコンの画面に現れ続ける文字列のようなものである。

間違った文字を打ち込んでしまったとき、「Back Space」キーにより間違った文字を消し、再びキーボードから文字を打ち込む。そう、構造の点から見ると、DNAポリメラーゼとエクソヌクレアーゼの関係はまさしく鉛筆と消しゴムの関係なのだけれども、機能の点から見ると、エクソヌクレアーゼは「Back Space」キーと同じような機能であるともいえる。

インターネットが普及し、だれでも気軽にパソコンからインターネット上の掲示板に文章を書き込めるようになった。が、そうしたものの中には、文章をつくったはいいものの、ろくに読み返しもしないでそのままネット上に書き込んでしまったと思われるものが山ほど存在する。とくに多いのが、「い」列、「う」列、「お」列の打ち間違いだ。たとえばこんなのがある。

「オフ会のお知らせでし」

これは当然、「オフ会のお知らせです」の誤りである。じつに単純な打ち間違いの部類だ。キーボードを見ればわかる通り、「U」「I」「O」の母音三音は隣り合っており、打ち間違いをしやすいのである。「し」が画面上に現れた時点で誤りに気づくべきなのだが、どういうわけかそれに気づかず、ネット上に恥をさらすことになる。

もしエクソヌクレアーゼが、DNAポリメラーゼの犯した過ちに気づかずに校正しなかった場合、恥をさらす程度では済まされない。ひょっとしたらそれは、「発がん」という破滅をもたらす可能性だってあるからだ。

米国ワシントン大学のブラッドレイ・プレストン博士の研究グループは二〇〇二年、DNAポリメラーゼδのエクソヌクレアーゼの部分に変異を入れてはたらかなくしたマウスを作製して、がんが発生しやすくなるかどうかを調べた。

その結果、およそ一八ヵ月で変異マウスの九四パーセントががんで死んでしまうことがわかった。正常なマウスの場合、一八ヵ月でがんに罹ったのはわずか四パーセントにすぎない。エクソヌクレアーゼ機能の存在がいかに重要なものであるかがわかるであろう（図3－3）。

ヒトのがんでは、いくつかの大腸がんにおいて、DNAポリメラーゼδのエクソヌクレアーゼ機能をつかさどる部分に変異が起こっていることが報告されている。果たしてそれが本当にがんの直接的な原因であるかどうかはわかっていないが、氷山の一角というたとえがあるように、大部分のがんは研究者の目に触れることもなく、それによって死に追いやられた人とともに葬られている。

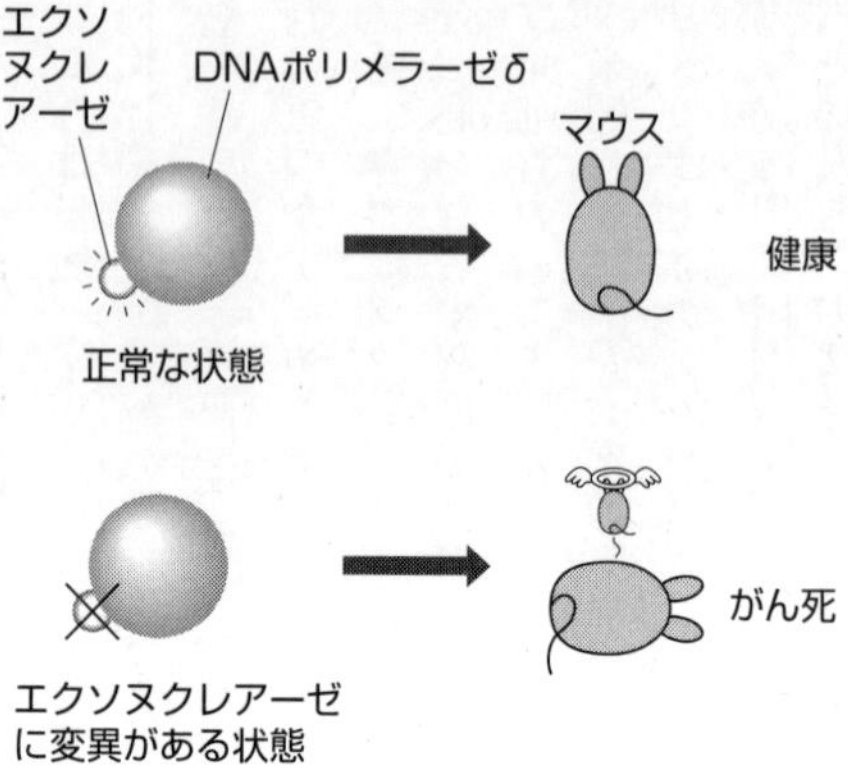

図3－3　エクソヌクレアーゼの変異と発がん

エクソヌクレアーゼの異常が発がんへと結びついた事例は、おそらく存在しているに違いない。

エクソヌクレアーゼの対症療法的な振る舞い

エクソヌクレアーゼの機能は、じつは単純な対症療法であるということができる。根本的な治療ではなく、たとえば風邪をひいた場合を想像していただきたいのだが、とりあえず症状として表面に現れる発熱や下痢をただ抑え込むだけなのだ。

エクソヌクレアーゼは、DNAポリメラーゼがときどき犯す誤りを一つ一つ直していくだけで、DNAポリメラーゼに誤りを犯させないようにしよう、などという積極的な役割をもっているわけではないのである。

一体なぜDNAポリメラーゼそのものが、もっと優秀ではなかったのだろうか。ここから先は推測するしかないが、もしかすると、DNAポリメラーゼがもっと優秀であったならば、今日見られるような生物の多様な進化は起こらなかったのかもしれない。

だが翻(ひるがえ)って考えれば、がんによって苦しむ人々が出てくることもなかったかもしれない。果たしてどちらがよいのか、残念ながら現段階では筆者にもわからない。

読者諸賢はどのように思われるだろうか。

消しゴム、道を誤る

さて、エクソヌクレアーゼがDNAポリメラーゼにくっついているおかげで、DNAポリメラーゼの正確性は飛躍的に向上しているのだが、正確さを要求されるはずのこの校正機能にも、じつは落とし穴が存在しているのだ。

奈良先端科学技術大学院大学の真木寿治(ひさじ)博士が率いる研究グループが、大腸菌のDNAポリメラーゼに関する興味深い実験結果を報告している。

第2章71ページで述べたように、DNAポリメラーゼの「ポリメラーゼ・サブユニット」の中で、「ポリメラーゼ」として機能する部分と「エクソヌクレアーゼ」として機能する部分(それぞれの活性中心)は、やや離れて存在している。

DNAポリメラーゼが間違った塩基をとり込むと、最後に合成した数塩基分ほどのDNAをいったんめくりあげるようにしながら、DNAポリメラーゼ全体が逆向きに動く。めくりあがらせると、ちょうどその先端、つまり間違ってとり込まれた塩基がエクソヌクレアーゼの活性中心のところに位置することになり、エクソヌクレアーゼが間違った塩基を除去することができる。

除去後、DNAポリメラーゼは再びDNA複製を開始するのだが、DNAポリメラーゼが再び動き始め、このめくりあがった部分が元に戻るとき、最初の位置とややずれた位置に貼りついてしまうことがある(図3-4)。

この「めくり戻し間違い」により生じたずれが、再び複製されてDNAに固定されたとき、それがもし遺伝子の中であった場合、できるタンパク質のアミノ酸配列が変化してしまう「フレームシフト」という変異になるのである(図3-4)。

何ということだろう。校正したつもりだったのに、逆に変異を引き起こしてしまうようでは、校正機能の意味がないではないか。消しゴムが道を誤った瞬間であり、見方によっては「ありがた迷惑」であるともいえる。

しかしながら、こうしたエクソヌクレアーゼの誤りも、ミスマッチ修復機構により徹底的に修

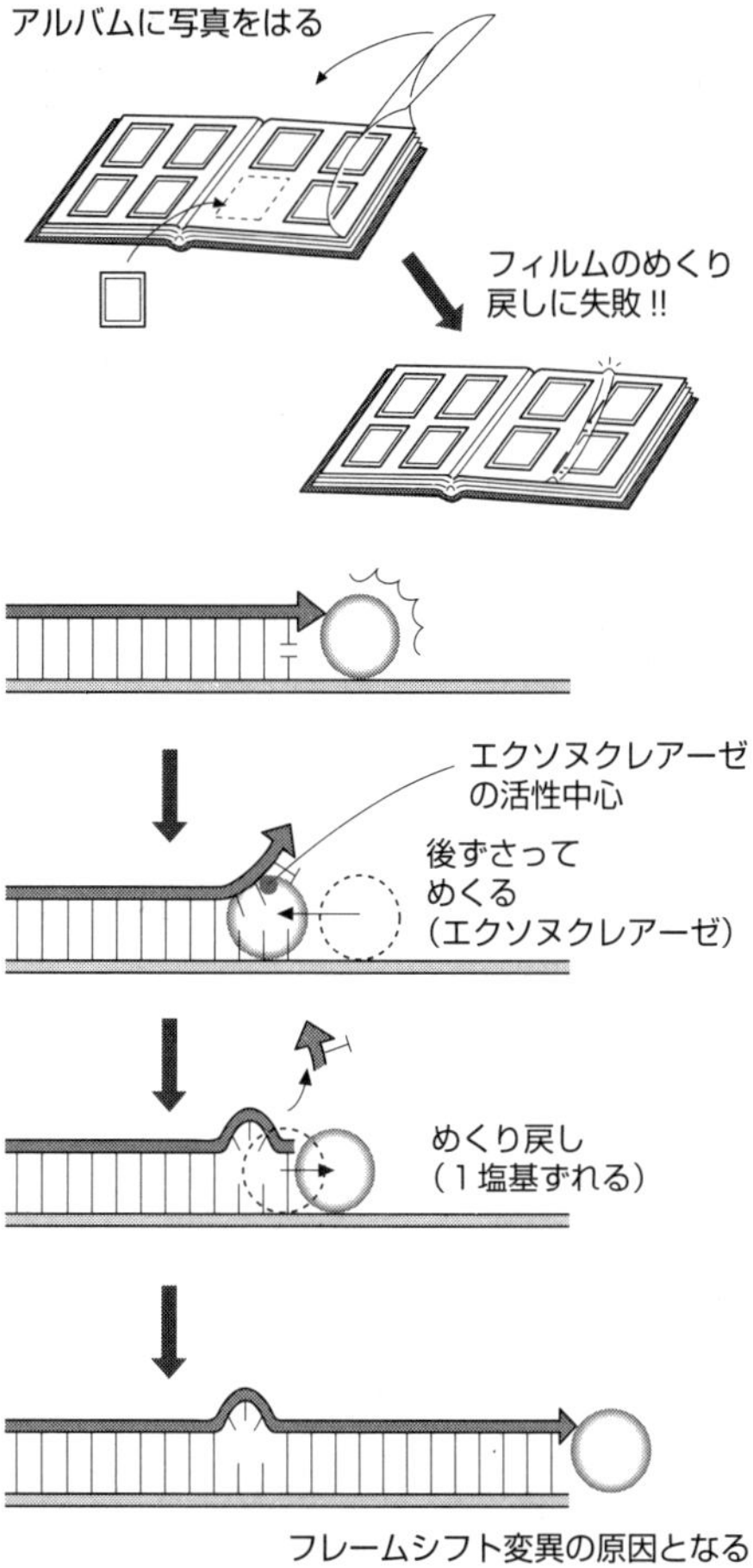

図3-4　めくり戻し間違い

復されるので、これが変異として固定されることはほとんどないと考えられる。

複製スリップ

冬になると、日本列島のあちこちで車のスリップ事故のニュースが飛び交う。とくに関東以南では、雪にあまり慣れていないためだろうか、スリップしてしまう車が跡を絶たないようだ。

多少高くてもスタッドレスタイヤを買って、冬になる前に付け替えるべきであろう。スタッドレスタイヤがなぜスリップせずに雪道を走ることができるのかといえば、その表面には深く細かい溝が無数についていて、路面とタイヤとのあいだにできる水の膜を吸いとってしまい、タイヤが路面上をスリップするのを防いでいるからだ。平たくいえば、路面とタイヤの間の摩擦力を確保しているのである。

何の話か、といぶかしく思われる方もおられよう。DNAとDNAポリメラーゼとの関係は、この道路とタイヤの関係によく似ているのである。すなわちDNAポリメラーゼがタイヤ、DNAが道路である。DNAポリメラーゼが、道路の上をきっちりとした摩擦力を保持しつつ堅実に動くスタッドレスタイヤであるといいのだが……。

残念ながらDNAポリメラーゼはスタッドレスタイヤではなく、れっきとした「普通のタイヤ」なのである。私たちのDNAには、まさに冬山を貫く雪道のような部分も存在しているのだが、

ＤＮＡポリメラーゼは普通のタイヤのまま。そう、ＤＮＡポリメラーゼは、そうした部分で往々にして滑りやすくなるのである。

私たちのＤＮＡの一部には、同じ塩基配列がくり返して存在する部分、いわゆる「くり返し配列（リピート）」と呼ばれる部分がある。たいていは遺伝子以外の部分にあるが、重要な遺伝子の中にある場合もある。

すなわち、ＤＮＡポリメラーゼはこうしたリピート、とくに一塩基や二塩基など単位が短いリピートの上で、往々にしてスリップしてしまうことが知られている。これを「複製スリップ」と呼んでいる。

ＤＮＡポリメラーゼは何らかの原因により、鋳型ＤＮＡ鎖の上をこれまで走ってきた方向とは逆に「ひゅっ」とずれることがある。高速道路でスリップする車は往々にして進行方向へ向かってスリップするのだが、複製スリップは進行方向とは逆向きにスリップする、いってみれば「逆向きスリップ」なのだ。こうした現象は、少しずれても鋳型ＤＮＡ鎖と新生ＤＮＡ鎖がぴたりとくっつくことのできるリピートの上で、とりわけ生じやすい。これは、エクソヌクレアーゼ反応における逆走とも、また岡崎フラグメント合成における「二歩さがる」とも異なる動きである。

順調にポリメラーゼ反応を続けていたＤＮＡポリメラーゼが、何かに驚いたように一歩さがってしまうのだが、次の瞬間には何事もなかったようにポリメラーゼ反応を続ける（図３－５）。

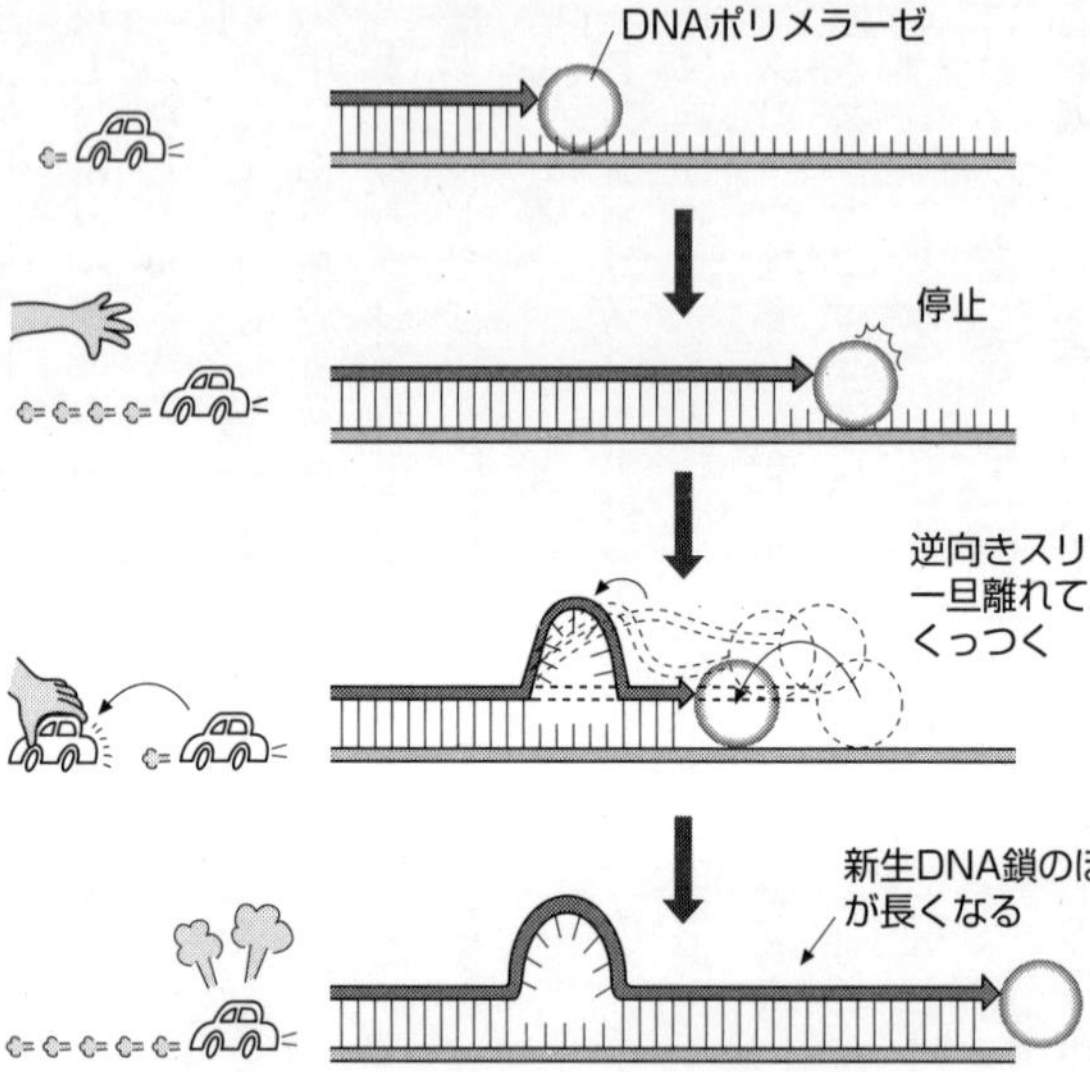

図3-5　DNAポリメラーゼの逆向きスリップ

この逆向きスリップが起こる際、それまで合成されてきた新生DNA鎖とDNAポリメラーゼは、蜘蛛が糸を尻にくっつけているような感じで結合したままなので、必然的に新生DNA鎖は、逆向きにスリップするDNAポリメラーゼに押しのけられる形で、糸のたわみができるようにループアウトしてしまう。

そのたわみが、第2章で出てきた「こぶとりじいさん」のこぶと同じように、ぽこんとはみ出してしまうような格好となる。その結果、複製が終わった後、鋳型DNA鎖よりも新生DNA鎖のほうが長くなってしまう現象「伸長」が起こるのだ（図3・5）。

ぽこんとはみ出したこぶは、通常なら

ば第2章で述べたミスマッチ修復機構、すなわち赤鬼やら青鬼やらによって難なくとり除かれるのだが、そのミスマッチ修復機構の遺伝子が異常となり、修復がうまくいかなくなることによってDNAに変異が起き、発症する病気がある。

遺伝性非腺腫性大腸がん（HNPCC）と呼ばれるがんがそうしたものの一つである。このがんでは、がん細胞それぞれでリピート（マイクロサテライトと呼ばれる部分）の長さがまちまち（不安定）なのだ。不安定性の度合いが大きければ大きいほど、そのがんがより悪性度の高いものであると判断できる。

要するに遺伝性非腺腫性大腸がんでは、リピートの長さの違いががんの悪性度判定の「マーカー」になっている、というわけだ。

このがんの場合、リピートの長さが変化することが原因でがんになるのではなく、ミスマッチ修復機構が異常になっているため、重要な遺伝子部分で生じた複製エラーが修復されずに残ってしまうことが原因であると考えられている。

こうした複製スリップは、おそらくDNAポリメラーゼα、δ、εのどれもが起こす可能性があるが、残念ながらどのDNAポリメラーゼがいちばん起こしやすく、どれが起こしにくいかといった詳細については明らかではない。

第2節 名脇役ポリメラーゼの役割

紫外線が細胞をがん化させるワケ

中学生だったか高校生だったか、また修学旅行だったか遠足だったかも忘れてしまったが、バスの中で「伝言ゲーム」をやった記憶がある。いちばん後ろの席の子が前の子の耳元で、ほんのささやくような声で「今日校長が京都で会議に出る」という。これを順番に前の座席へ伝言のように伝えていくと、いちばん前の座席の子に伝わる頃には「今日子町長が今日どでかい胃を切る」に変わってしまったりする。

勝敗の決め方など、詳細については忘れてしまったが、人間の耳がいかにあやふやな情報受容器官であるか、また人間の記憶がいかにあやふやなものであるかがよくわかるゲームであることに変わりはない。もっとも、わざと間違える子も中にはいるのだが。

伝言ゲームの妙は、ちょっとずつ変化する情報にあるといえる。たとえ真面目にやったとしても、たとえばもっと長い文章を伝言することを考えると、耳元でささやかれた程度であれば、必ずどこかに間違いを挿入してしまうものである。

細胞が「がん化」する際のＤＮＡの変異の原因として、ＤＮＡポリメラーゼ三姉妹による複製エラーのほかにも、紫外線や化学物質など、体の外からやってくるさまざまな要因が考えられている。これらを一括して「外的要因」と呼ぶことにしよう。

外的要因として、たとえばある化学物質が細胞のＤＮＡに損傷を与えたとする。ところが、これがＤＮＡの「変異」として固定されるためには、それが複製されたときに塩基が別の塩基に変化する、すなわち「塩基置換」を起こさなければならない。複製されて塩基配列に変化をきたさなければ、それはＤＮＡが変異を起こしたことにはならないからだ。

有名なＤＮＡの損傷に、主に紫外線によって誘発される「チミンダイマー」と呼ばれるものがある。何だか子ども向けアニメ番組に出てくる悪役のような名前であるが、「ダイマー」とは、「二つのものがくっついている」という意味である。

チミンすなわちＴが二つ隣り合わせで並んだ部分に紫外線があたると、本来は相手の鎖のＡとペアを組まなければならないところが、Ｔ同士が手をつないでしまうのである。第2章で述べた小学生の整列にたとえれば、右手は隣の列の子どもの右手とつながなければならないのに、前の子と後ろの子が右手をつないでしまった状態である（図3‐6）。

ＡＧＣＡＴＡＴＴＣＧＡＧＧという塩基配列を例にして説明しよう。

真ん中の二つのＴ同士がくっついたままＤＮＡ複製が行われると仮定する。この配列の相手の

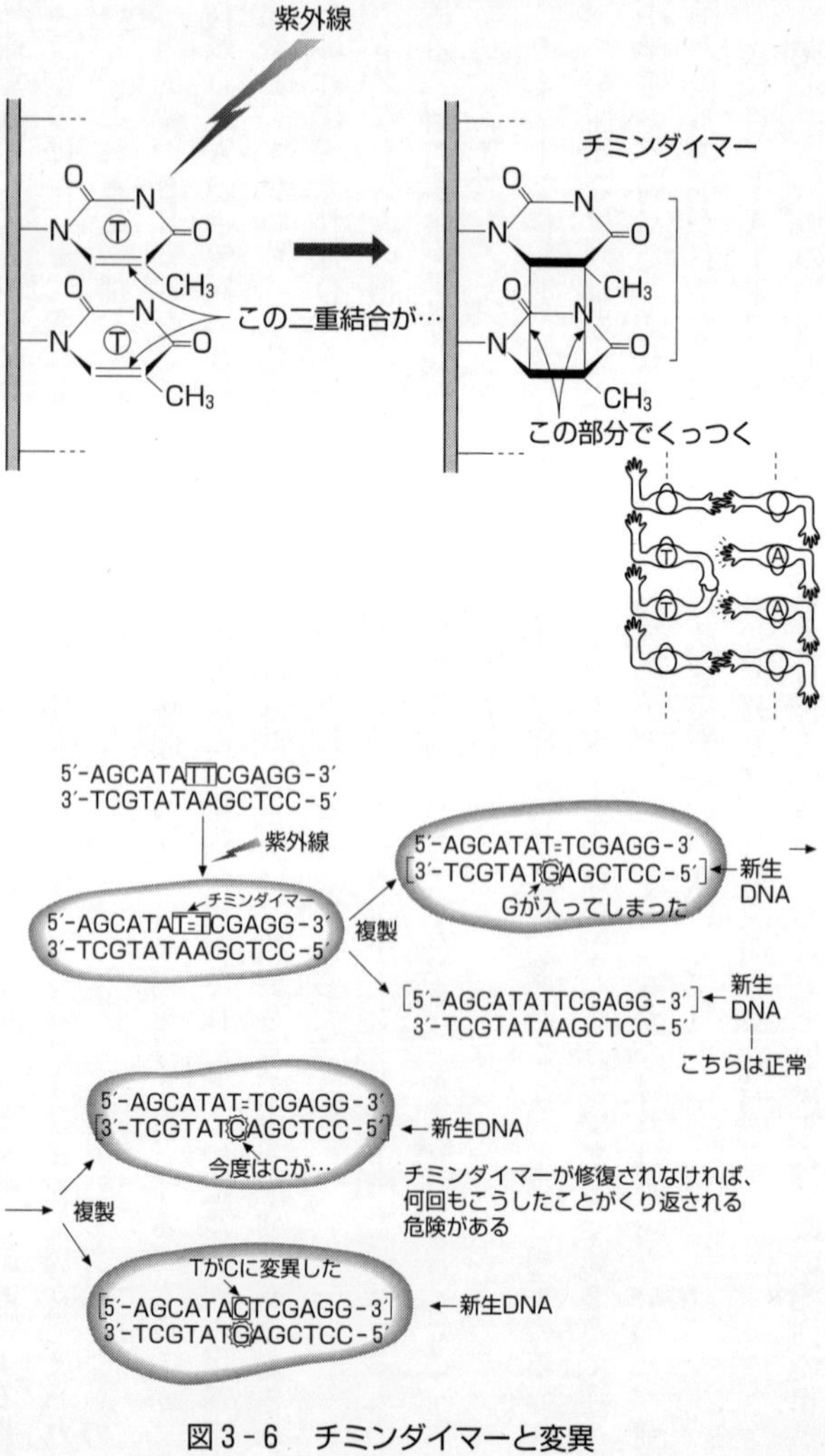

図3-6　チミンダイマーと変異

DNA鎖はTCGTATAAGCTCCである。こちらのほうのAAは複製の際に新たなTTとペアを組むことができるからよいが、問題は隣同士で手をつないでしまったTTのほうだ。

DNAが変異してしまわないためには、たとえTTが手をつないでいたとしても、かまわずにAAとペアリングする必要があるのだが、これがなかなか難しい。

では一体どうなるのか。やはり通常のTTがそこに存在しない以上、AAをペアリングしないこともあり、ときどきGAになったりTAになったりする。このとき、複製されてできた相手のDNA鎖の配列が、たとえばTCGTATGAGCTCCとなってしまったとすると、これがさらに複製された後、AGCATACTCGAGGに変化してしまうのである（図3-6）。すなわち結果として、TTだったところがCTになってしまうのだ！こうして、DNAは「変異」したと見なされるのである。

このステップは、伝言ゲームにおいて一人の子が前の席の子に耳打ちする一ステップにすぎない。伝言ゲームでときどきやるようにわざと間違えるものではないだろうが、私たちの細胞は常にさまざまな複製エラーや外的要因により傷ついているので、DNA複製が行われるたびに同じようなメカニズムによって、また新たにどこかが変化していくのではないかと思われる。

発がんという現象は、個々のがんによってその過程がまったく異なるきわめて複雑多彩な現象であるから、一概にはいえないこともあるが、最終的に「京都で会議に出る」が「今日どでかい胃を切る」になってしまうような遺伝子変異が、大きくそこに関与していることはおそらく間違いないだろう。

DNAと遺伝子

ここで一つことわっておかなければならないことがある。

DNAと遺伝子をまったく同じものだと考えておられる方は多いだろう。「その人特有の性質や外見を遺伝子が規定している」ということに対して、よりインパクトのある三文字略語「DNA」という表現を用いることが、とくにマスコミなどで目につくからだ（例：「政治家のDNA」など）。

第1章29ページで述べたように、遺伝子は全DNAの数パーセントを占めているにすぎない。DNAの九割以上は遺伝子ではなく、紫外線がDNAを傷つけるといっても、そのすべてが「発がん」という現象に結びつくわけではない。

本章では、発がんとの関係から、遺伝子上で起こる複製エラー、DNA損傷について話をしているように読者諸賢には思われるかもしれない。だがDNA複製は、遺伝子であろうと遺伝子でなかろうと、すべてのDNA上で平等に起こる現象であり、複製エラーもほぼ平等に起こると思われる。

したがって、本章で述べていることはすべてのDNA上で起こり得るのだが、たまたまそれが遺伝子もしくはそれをコントロールする領域の上で起こったとき、発がんに至る場合がある、というふうに理解しておいていただければ幸いである。

名脇役登場――障害物を乗り越えるDNAポリメラーゼ

話を元に戻そう。

チミンダイマーのようにDNAが損傷された部位に直面すると、DNAポリメラーゼα、δ、εの三姉妹はこれを乗り越えることができずに複製をストップしてしまうことが知られている。これは大変である。複製がストップしてしまう事態ともなれば、細胞は増殖することができなくなってしまうではないか。

ところが生物はよくできたもので、DNAポリメラーゼ三姉妹が複製できずにうろたえていると、そこにすかさず別のDNAポリメラーゼがやってきて、三姉妹と交代し、難なく乗り越えて複製する、ということが二〇世紀末になってわかってきた。

こうした、損傷を乗り越えて複製を行うDNAポリメラーゼのことを「損傷乗り越え型DNAポリメラーゼ」と呼び、それが行う反応のことを「損傷乗り越えDNA合成」と呼ぶ。

DNAポリメラーゼ三姉妹が、滑降は得意だがクレバスを飛び越えることができないスキーヤーだとすれば、損傷乗り越え型ＤＮＡポリメラーゼは、滑降はだめだがクレバスの飛び越えは得意なスキーヤーであるといえよう。

損傷乗り越えＤＮＡ合成は大きく二つのカテゴリーに分けられる。正しいパートナー塩基をペアリングさせることができるものと、間違ったパートナーをペアリングさせてしまうものである。

後者のような現象が起こると、107ページで述べたようにＤＮＡは変異してしまうが、別にこれは、「このＤＮＡポリメラーゼが前者であり、このＤＮＡポリメラーゼが後者である」という具合に明確に分けられる問題ではなく、じつはケース・バイ・ケースであって、それぞれのＤＮＡポリメラーゼにはそれぞれの得意分野がある、と考えられている。

では、どのＤＮＡポリメラーゼにはどの得意分野があるのか、それぞれについて順番に話を進めていくことにしよう。

ＤＮＡポリメラーゼη——あんた、ほんとにポリメラーゼ？

ある一つのことだけに能力を発揮し、その他のことはからっきしだめ、という人は古今東西いろんなところに出没してきた。○○だけが取り柄の女、○○以外にはいいところがない男、といった言葉で片づけられる人間など、この世の中に星の数ほどいるだろう。

正しいパートナー塩基を重合させる、きわめて「優秀な」損傷乗り越え型ＤＮＡポリメラーゼの代表が、DNAポリメラーゼη(イータ)と呼ばれるタンパク質なのだが、じつはこのタンパク質は、DNAポリメラーゼ版「○○だけが取り柄の人間」なのである。

まず、その持続性と正確性だが、恥ずかしながらDNAポリメラーゼ三姉妹の足元にも及ばない。試験管内でポリメラーゼ反応を行わせると、三〇回に一回の頻度で間違いを犯すのである。つまり正確性が極端に低いのだ。さらに持続性に至っては、数塩基分しかないというデータがある。三、四個の塩基をぽんぽんと重合させた後、すぐにDNAから離れてしまうのだ。

あんたほんとにポリメラーゼ? と疑いたくなるのも無理はないが、DNAポリメラーゼη、じつはとても重要なDNAポリメラーゼだったのである。

色素性乾皮症と皮膚がん

現在までに判明している、DNAポリメラーゼηのもつたった一つの取り柄とは、私たちががんになるのを防いでくれているという、頬ずりしたくなるような素敵なものだ。

わが国で四万人に一人が罹るといわれる常染色体性劣性遺伝を呈する病気に、「色素性乾皮症」という病気がある。この病気は紫外線に対して極度に感受性が高く、紫外線にあたると皮膚が損傷し、やがては皮膚がんへと進行してしまう恐れのある重篤(じゅうとく)な病気だ。

色素性乾皮症にもさまざまな種類があるが、その中の一つの、XP-Vと呼ばれるタイプが、

DNAポリメラーゼηの異常が原因で引き起こされることがわかったのである。

紫外線がDNAに与えるダメージの代表的なものが、シクロブタン型ピリミジンダイマー（CPD）と呼ばれるものである。名前は難しいのだが、ここでは先ほど述べた「チミンダイマー」

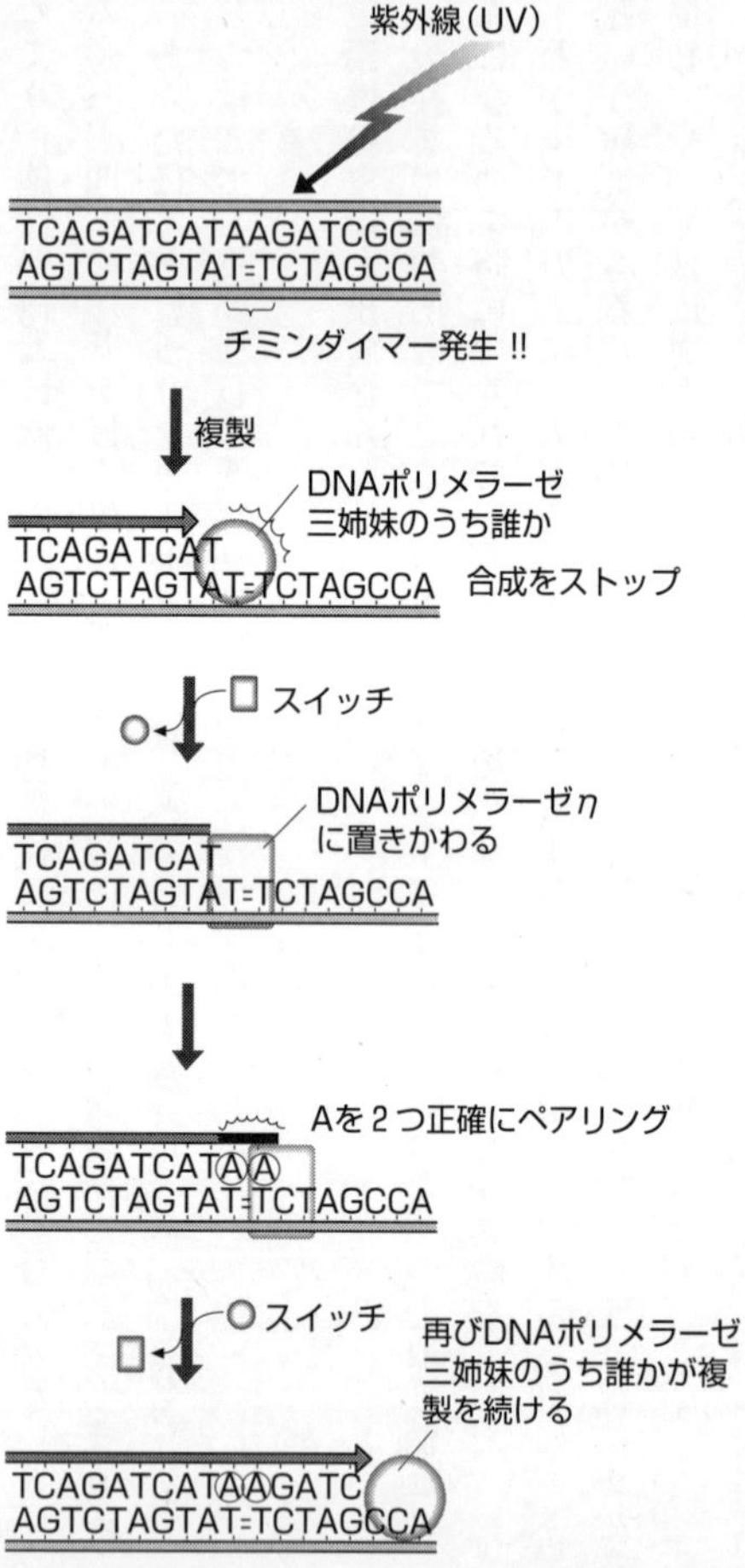

図3-7　DNAポリメラーゼηのはたらき

だと考えていただければよい。

私たちがもっている正常なDNAポリメラーゼηは、DNA複製の際に、このチミンダイマー(TT)の相手として、正しいパートナー塩基であるアデニンを二つ(AA)、みごとにペアリングするという取り柄がある(図3-7)。

ある程度太陽の光にさらされてDNAが傷ついても、私たちの皮膚はDNAポリメラーゼηのおかげでDNAの突然変異率が低く抑えられており、がんにならずに済んでいるのである。

ところがXP-Vのように、DNAポリメラーゼη遺伝子に異常があり、正常な機能を発揮することができないと、チミンダイマーの相手にA以外の塩基(たとえばGなど)がペアリングされてしまうのである。その結果、この部分の突然変異率が上昇して、皮膚がんへと進行してしまうと考えられている。

これを明らかにしたのは第2章でも紹介した大阪大学教授の花岡文雄博士の研究グループで、中心となったのが益谷央豪(ちかひで)助手である。論文は一九九九年、英国の科学誌『ネイチャー』に掲載された。当時私はオックスフォード大学の研究所に滞在していたが、研究所全体で大きな話題となっていたのを覚えている。

DNAポリメラーゼηは、私たちの肌を、紫外線から守ってくれているのである。もっともDNAポリメラーゼηは、チミンダイマー以外の損傷部分も乗り越えて合成を行うといった報告もあり、その全容が解明されるのはまだまだ先のことである。

もう一つのチミンダイマー

DNAポリメラーゼη（イータ）はDNAポリメラーゼ版「○○だけが取り柄の人間」であるから、紫外線によるCPD（シクロブタン型ピリミジンダイマー）に対しては能力を発揮するが、その他のDNA損傷に対してはとたんに旗色が悪くなる。

たとえば、紫外線により生じるチミンダイマーには、CPDの他に「(6-4)光産物」と呼ばれるものがあるのだが、DNAポリメラーゼηは「(6-4)光産物」に対しては、AではなくGなどの間違った塩基をペアリングしてしまうのだ。これは困ったことである。

しかし、損傷乗り越え型DNAポリメラーゼはηだけではない。その他にも、DNAポリメラーゼι（イオタ）、DNAポリメラーゼκ（カッパ）、そしてRev1と呼ばれるDNAポリメラーゼの存在が知られている。

DNAポリメラーゼη、ι、κは、お互いにくっついて存在していることを示すデータが最近出始めている。しかも、DNAポリメラーゼ三姉妹と一緒になってDNA複製部位に存在し、三姉妹のだれかがDNA損傷部位に差しかかってポリメラーゼ反応を停止すると、さっと入れ替わって損傷乗り越え合成を行い、また三姉妹のだれかに道を譲る、と考えられ始めているのだが、残念ながらまだ完全に証明されているわけではない。

話を戻すと、右に述べた「(6-4)光産物」は、DNAポリメラーゼιによって乗り越えられるのではないかと考えられている。ところがこの乗り越えも、CPDにおけるDNAポリメラーゼηの振る舞いほど正確ではなく、往々にして間違った塩基をペアリングしてしまうらしい。だが、紫外線による損傷はほとんどがCPDであると考えられているので、「(6-4)光産物」がたとえ間違って乗り越えられたとしても、重篤な病気に発展するケースはそれほど多くはないと考えられる。

DNAポリメラーゼκ

さて、DNAを損傷する外的要因は紫外線ばかりではない。さまざまな化学物質もDNA損傷の大きな要因となっている。

ベンゾピレンという発がん性物質は、たばこの煙に多く含まれることで有名だが、これが体内にとり込まれると、最終的に「ベンゾピレン-7,8-ジヒドロジオール-9,10-エポキシド」という長ったらしい名前の物質となる。この物質はDNAの中のG塩基と非常に強く結合してしまうので、相手のDNA鎖でパートナー塩基であるCが正しくペアリングできなくなってしまうのだ。

ここで、別の名脇役が登場する。「DNAポリメラーゼκ(カッパ)」というタンパク質だ。

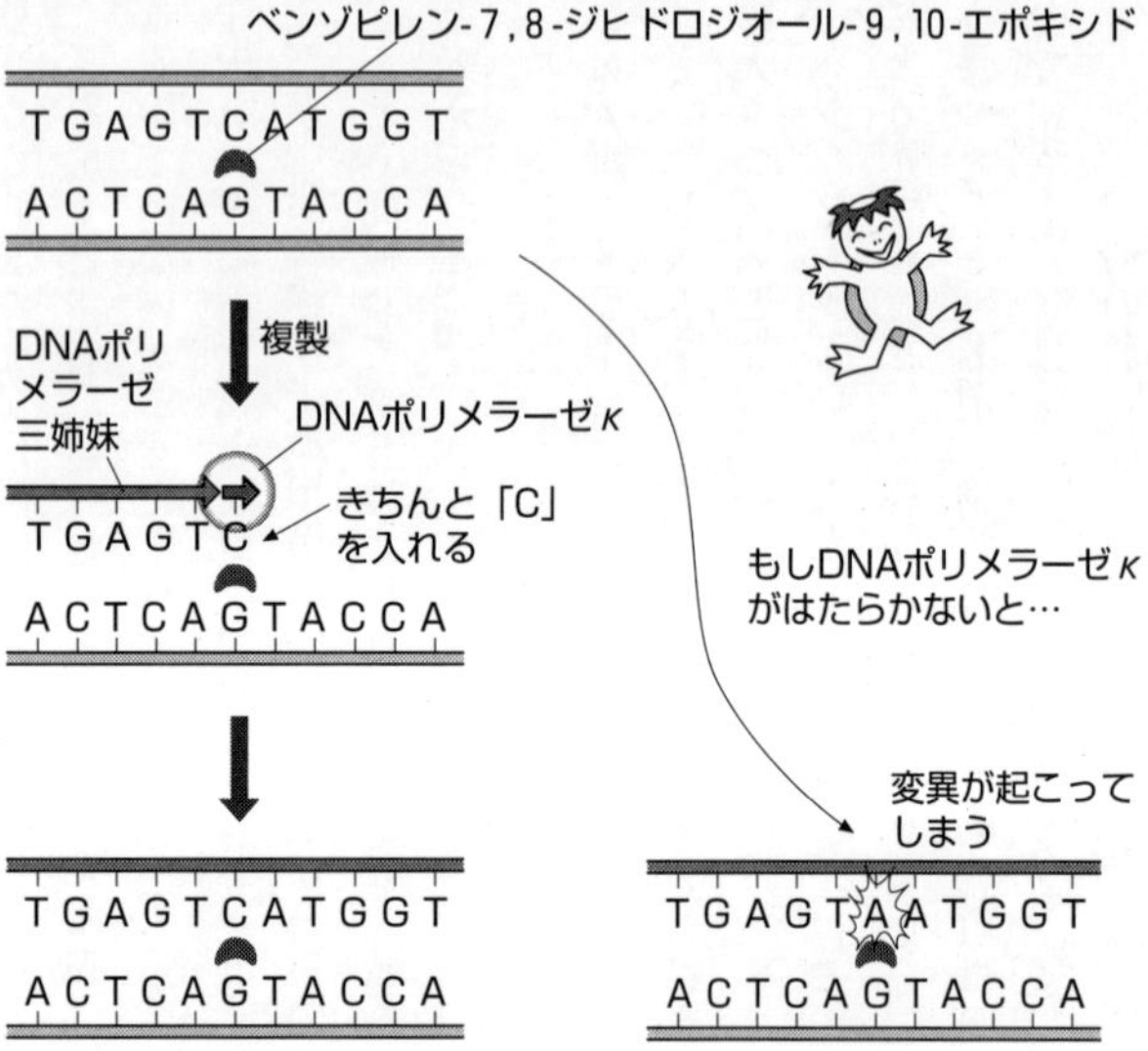

図3-8　DNAポリメラーゼκのはたらき

DNAポリメラーゼκは、この発がん物質が結合したGの部分を乗り越えることができるDNAポリメラーゼであり、Gに対して正確に「C」をペアリングすることができるのである（図3-8）。このDNAポリメラーゼを哺乳類で発見し、「κ」と命名したのは京都大学ウイルス研究所の大森治夫助教授のグループである。

一方、DNAポリメラーゼηもこれを乗り越えることができるという報告があるが、ηの場合は間違った塩基をペアリングしてしまうらしいので、どうやらこれはDNAポリメラーゼκの専売特許のようである。

Ｒｅｖ１

最後に、Ｒｅｖ１という名前のＤＮＡポリメラーゼについて述べておこう。

このＤＮＡポリメラーゼは、鋳型の塩基が脱落していても、無理やり「Ｃ」をペアリングさせるという荒業をやってのける。脱落した塩基が何であったかはわからないので、とりあえず、「Ｇ」があったことにしておこうというわけだ。まさに「ウルトラＣ」である（図３‐９）。

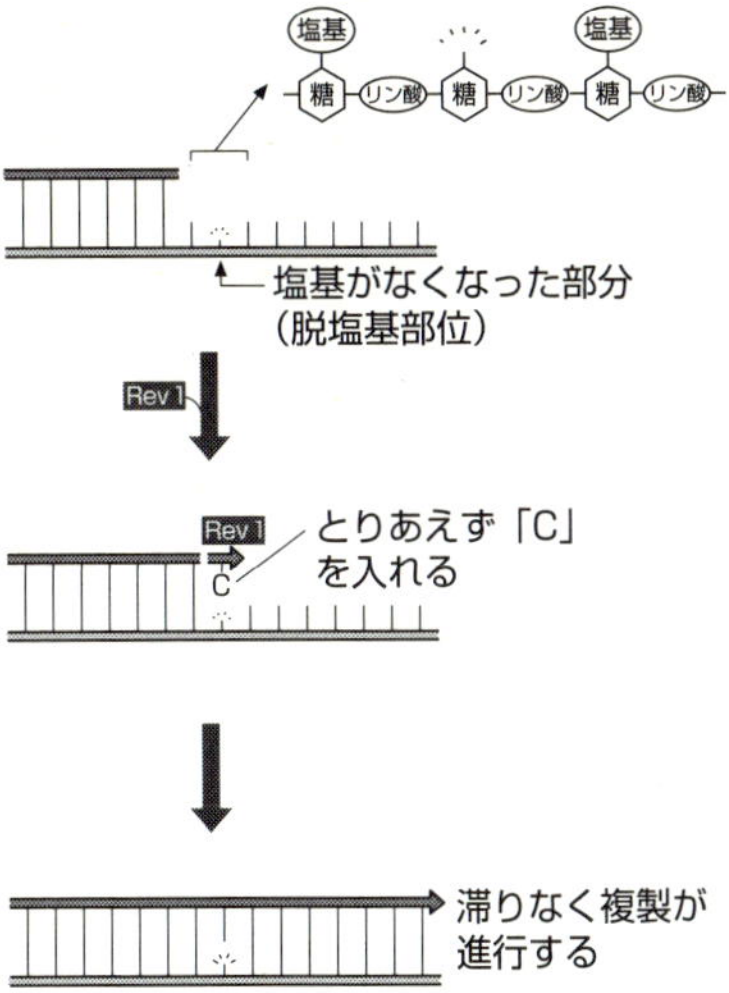

図3 - 9　ウルトラC

塩基が脱落してしまうと、その部分だけ下の歯が一本欠けたような非常に噛み合わせの悪い状態が生じ、そのまま複製されるとＤＮＡが塩基一個分だけ短くなってしまう。もしこれが重要な遺伝子の部分にできてしまった場合には、たとえ一塩基ずれてもえらいことになる（アミノ酸配列が大きく変わる）ので、それを防ぐＲｅｖ１のはたらきはとても重要であるといえる。

Ｒｅｖ１の場合は、鋳型の塩基に対してペアをつくらせていくというＤＮＡポリメラーゼの性質とは異なっているために（正確にはCを付加する酵素、といういい方をされる）、「DNAポリメラーゼ」という名前は与えられていないのだが、複製の一部を担うことにかわりはないから、一応DNAポリメラーゼの仲間であると考えられている。

このように、DNAポリメラーゼη、ι、κ、そしてRev1は、DNA損傷の種類によって微妙に異なる役割分担をして、損傷乗り越え合成を行っていると考えられている。しかしながら、詳しいことはまだまだわかっておらず、損傷乗り越え型DNAポリメラーゼ研究は、これからが正念場となるであろう。

DNAポリメラーゼζ——後は私がやりますよ

DNAポリメラーゼ三姉妹が一所懸命DNAを複製するそばで、何かあったときのためにじっと待機していると考えられているDNAポリメラーゼη、ι、κたち。

ところがここに、もう一つ重要なメンバーが登場する。DNAポリメラーゼζ（ゼータ）というタンパク質である。

じつはDNAポリメラーゼη、ι、κは、損傷を乗り越えることはできるが、その先を続けて複製することはできないという、何とも持続力のないタンパク質だということが最近わかってきた。すなわち「火事場の底力的一発屋」とでもいえようか。

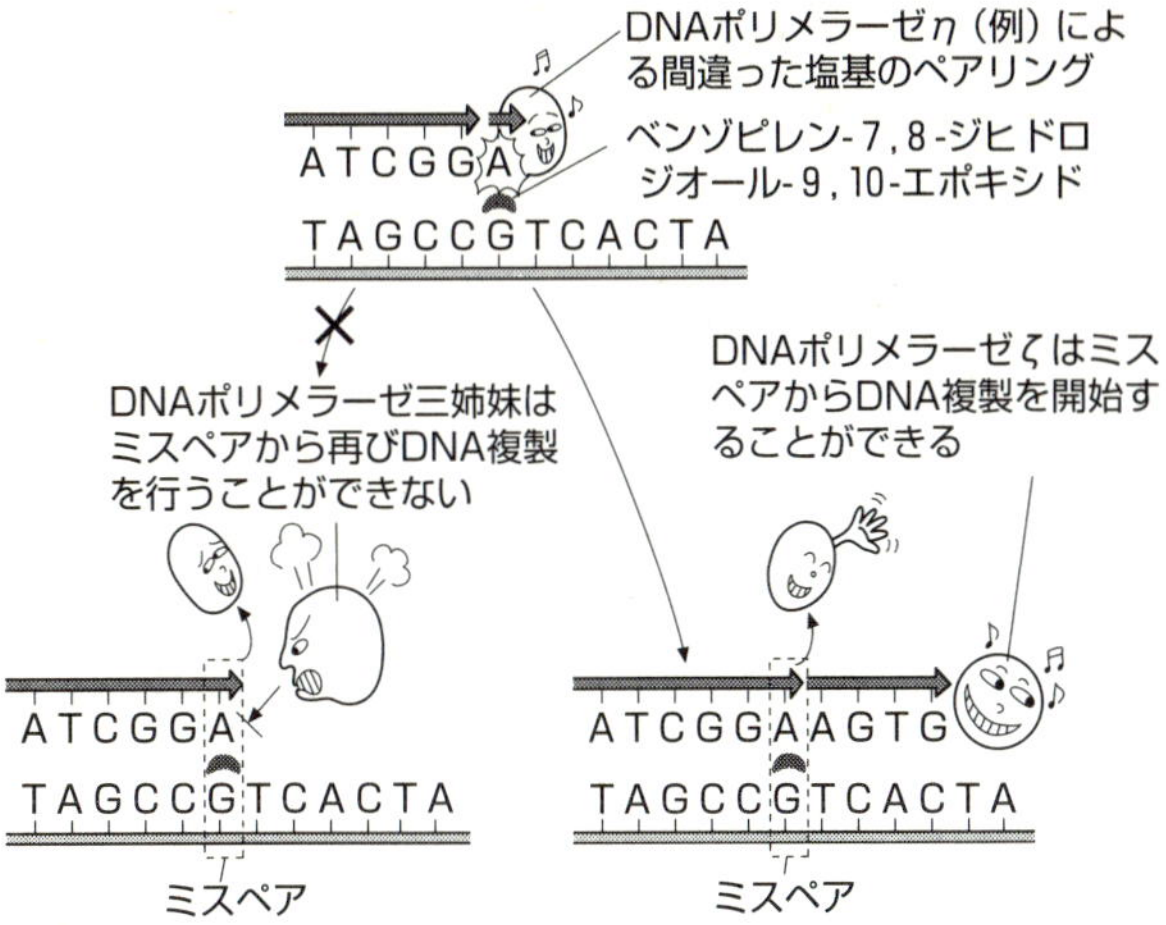

図3-10 ミスペア・エクステンダー

CPD（シクロブタン型ピリミジンダイマー）におけるDNAポリメラーゼηや右の発がん物質におけるDNAポリメラーゼκなどは、正確なペアリングをしてくれるからまだいいが、「(6-4)光産物」におけるDNAポリメラーゼιや発がん物質におけるDNAポリメラーゼηなどのように、間違った塩基をちょこんと乗っけて「はい終わり」ではあんまりである。なぜならば、DNAポリメラーゼ三姉妹（α、δ、ε）は、こうした「ミスペア（ミスマッチ）」から複製を続けることができないからである。

しかたない、後は私がやりますよ、とその先にDNAを伸ばしてくれる、一見面倒見のよさそうなDNAポリメラーゼが、DNAポリメラーゼζなのである。これを「ミスペア・エクステンダー（間違った塩基対からDNAを伸ばすやつ)」と呼んでいる(図3-10)。

その後、ある程度DNAポリメラーゼζがポリメラーゼ反応を行うと、再び三姉妹の誰か(おそらくDNAポリメラーゼδかε)に交代すると考えられるが、詳しいことはまだわかっていない。

また、DNAポリメラーゼζ自身にも損傷乗り越え機能があることも報告されているが、往々にして間違った塩基をペアリングしてしまうことが知られている。

さらに、酵母のDNAポリメラーゼζ変異株の研究からは、がんの原因となるDNA変異の九〇パーセント以上で、このDNAポリメラーゼが関与している可能性があるともいわれている。そうなると、面倒見がよいかどうかはきわめて怪しいといわざるを得なくなる。まだまだ謎の多いDNAポリメラーゼである。

B型とY型

さて、DNAポリメラーゼは、そのアミノ酸配列の特徴から大きく六つの型(A、B、C、D、X、Y)に分類することができる。この場合、真核生物のDNAポリメラーゼはA、B、X、Yの四つの型に分けられる(括弧内でそのDNAポリメラーゼの役割を示した)。

A型：DNAポリメラーゼγ（ミトコンドリアDNA複製）
B型：DNAポリメラーゼα（DNA複製）
DNAポリメラーゼδ（DNA複製）
DNAポリメラーゼε（DNA複製）
DNAポリメラーゼζ（損傷乗り越えDNA合成）
X型：DNAポリメラーゼβ（DNA修復）
DNAポリメラーゼλ（DNA修復）
DNAポリメラーゼμ（DNA修復）
Y型：DNAポリメラーゼη（損傷乗り越えDNA合成）
DNAポリメラーゼι（損傷乗り越えDNA合成）
DNAポリメラーゼκ（損傷乗り越えDNA合成）

この中で注目したいのは、第2章で述べたDNAポリメラーゼ三姉妹が含まれるB型と、本章で述べてきた損傷乗り越え型DNAポリメラーゼが含まれるY型である。DNAポリメラーゼα、δ、ε（B型）とDNAポリメラーゼη、ι、κ（Y型）の最大の違いは、B型は正確性が高く、Y型は低いという点にある。この差は一体どのようにして生じるのだろうか。

じつは、DNAポリメラーゼの構造がその鍵を握っているらしいということが最近わかってきた。DNAポリメラーゼはタンパク質だから、その構造を決めるのはタンパク質の基本単位である「アミノ酸」ということになる。

たった一つのアミノ酸置換がB型をY型へと変える?

ほんの小さな変化が、結果的に重大な結果をもたらしてしまうのはよくある話だ。

名古屋大学大学院医学系研究科の鈴木元(もとし)博士のグループは、B型に属するDNAポリメラーゼが、たった一個のアミノ酸の置換によりY型に変換し得ることを分子生物学的解析によって明らかにした。

鈴木博士は、酵母のDNAポリメラーゼαの実験をしているうちに、正確性が極端に低いミュータント(変異体)を分離することに成功した。そのDNAポリメラーゼαのアミノ酸配列を丁寧に調べていくと、たった一個のアミノ酸が別のアミノ酸に置換していることがわかったのである(図3-11)。

そのアミノ酸とは、ロイシンである。図3-11にあるように、該当するアミノ酸はY型ではフェニルアラニンとなっているのだが、鈴木博士らが発見したミュータントは、まさにロイシンがフェニルアラニンに変異したものであり、正確性がY型と同じように低いものであった。

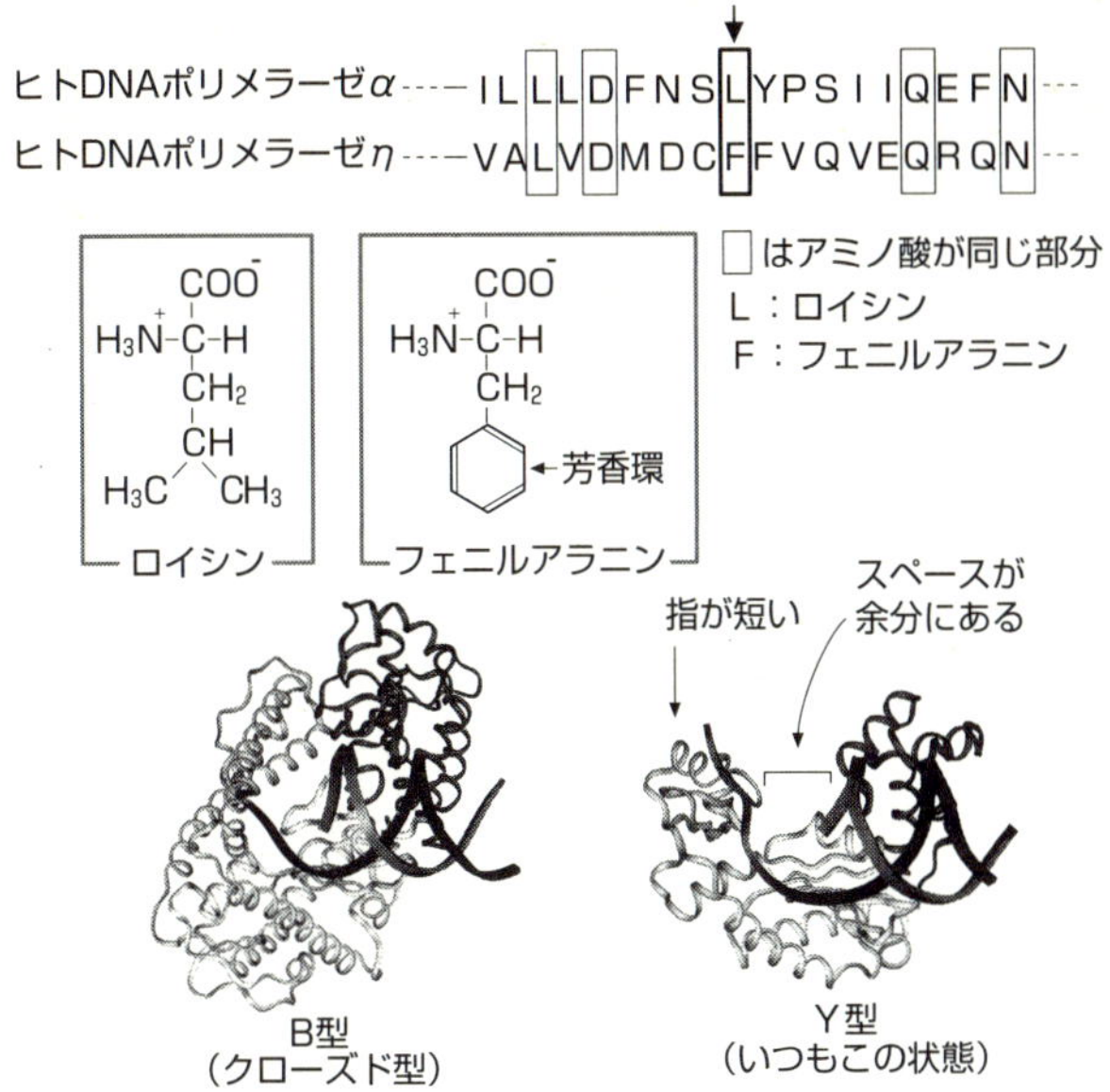

（三次元モデル：名古屋大学・鈴木元博士のご厚意による）

図3-11　B型とY型の違い

じつはこのアミノ酸の位置は、第2章で述べた「右手モデル」でいえば、「palm（手のひら）」の部分にあたる。

正確性の高いDNAポリメラーゼ三姉妹では、クローズドの状態での鋳型DNA、DNAポリメラーゼ、そしてパートナー塩基が、鍵と鍵穴の関係のようにきっちり安定するようになっている（第2章67ページ参照のこと）。間違ったパートナー塩基が入り込んでも、デキの悪い鍵がなかなか鍵を開けられないのと同じで、安定したクローズド構造をとることができない。

ところが、そうしたクローズド型の安定化に重要なアミノ酸ロイシンが、フェニルアラニンにとって代わると、とたんに事情が変わってくる。

じつは、フェニルアラニンがもつ「芳香環」が、間違ったパートナー塩基に対してもDNAポリメラーゼαを安定したクローズド構造に保ってしまうようにはたらくのである。その結果、間違ったパートナー塩基はそのままとり込まれてしまうのだと思われる（図3-11）。

このように、たった一つのアミノ酸置換、つまりほんのちょっとしたタンパク質構造の変化によりB型がY型と同じような性質をもち得るという実験結果は、これらDNAポリメラーゼがどのように進化したかを解明するうえでも重要であると考えられる。中心となってこの仕事をしたのは、バイタリティー溢れるポスト・ドクトラルフェローだった新美敦子さん（現・英国サセックス大学リサーチ・フェロー）である。

Y型の場合、「手のひら」にフェニルアラニンがあること以外にも、「指」の部分が短いためにB型よりも「手のひら」が広がっているなどの特徴があるのだが、ここで紹介したように、たった一つのアミノ酸がDNAポリメラーゼの性質を決定しているのが事実だとすれば、何とも大変な話である。

DNAポリメラーゼσ——のれんに腕押し

さて最後に、少しかわったDNAポリメラーゼについてご紹介しておこう。

「赤ちょうちん」とくれば「居酒屋」と相場は決まっている。

居酒屋は、一仕事を終えたサラリーマンが一日の疲れを癒すオアシスである。夜にぽってりと明るく光る赤ちょうちんの横に、のれんが下がった店の入り口がある。これをくぐって中に入ると、「へいらっしゃい!」という威勢のいいかけ声とともに、濛々(もうもう)たる湯煙と酔漢たちの喧騒が、まるで引きずり込むように出迎えてくれる。

それはそれで大いに楽しいのだろうが、筆者は残念ながら酒を好んで飲む性質ではないので、なかなか一人でこののれんをくぐることができない。のれんの先に、筆者にとっては異質な世界が待ちうけているように思うからである。

もっとも今では、若者向けの居酒屋のチェーン店などがあちらこちらにできているから、そういう人たちも、昔にくらべて入るのに抵抗がなくなっているようだ。かくいう筆者も、年に二回は開かれる高校時代の友人たちとの飲み会では、別に抵抗もなくのれんをくぐっている。まるでDNAポリメラーゼのように……。

そう。じつはDNAポリメラーゼ、DNAを複製する道すがら、何度もこの「のれん」をくぐらなければならないのである。

中学や高校の生物の時間に写真やビデオでご覧になった方もいるだろうが、細胞が分裂するときには、細胞の核の中に「染色体」が姿を現すと、それが中央に一直線にならんで、やがて両極に向かって引き裂かれるように移動する。染色体一個一個が、それぞれ一本一本のDNAであることは第1章で述べた通りである。

このとき、染色体（正式には姉妹染色分体）がからまることなくみごとに両極に分かれるためには、DNA複製終了後、複製された二本の姉妹染色分体がばらばらにならないよう、きつくしばりつけられている必要がある。刈りとられ、束ねられた稲のような状態である。すべてのDNAが複製された後、一気にそのタガがはずれて、染色体が両極にわかれていくのである。

このタガの実体が最近になってようやくわかってきた。「コヒーシン」という名前の、タンパク質の複合体である。

じつはこのコヒーシンというタンパク質複合体は、DNA複製が起こる前からDNAに結合しているらしい。コヒーシンは、輪のような構造をつくってDNAをぐるっととり巻いていると考えられている。したがってDNAポリメラーゼは、このコヒーシンが結合しているところを通り抜けていく必要がある。

ところがDNAポリメラーゼ三姉妹、たとえば次女・DNAポリメラーゼδなどは、このコヒーシン結合部位を通り抜けることができないと考えられている。つまり、コヒーシン結合部位で

DNA複製の進行がいったん停止するのだ。そう、DNAポリメラーゼδはコヒーシンという「のれん」をくぐりぬけることができないのである。何とも気の弱いタンパク質だ。

そこで、別のDNAポリメラーゼがDNAポリメラーゼδのかわりにのれんを押しのけてくれる。それがDNAポリメラーゼσ（シグマ）と呼ばれるタンパク質であると、現在のところは考えられている。

DNAポリメラーゼ三姉妹のうち長女・DNAポリメラーゼαの後を引き継いで次女もしくは三女であるDNAポリメラーゼδ、εが複製を行う際、「RF‐C」（別名クランプ・ローダー）という五つのサブユニットからなるタンパク質が仲介役を果たしているのだが（第2章61ページ参照のこと）、じつはDNAポリメラーゼδがDNAポリメラーゼσに交代する際にも、RF‐C（ただし、五つのうち一つのサブユニットが別のものに替わっている）が仲介すると考えられている。

そうしてDNAポリメラーゼσは、「のれん」を難なく通過し、その後再びDNAポリメラーゼδにバトンタッチするのだろうと思われる。まさに「のれんに腕押し」である（図3‐12）。その結果、できた二つの姉妹染色分体がうまく接着されるのだ。

本章で述べてきた損傷乗り越え型DNAポリメラーゼの場合にもいえることだが、このDNAポリメラーゼσについても、まだ研究の端緒についたばかりである。

これから新しい発見が相次ぐだろうし、ひょっとしたらDNAポリメラーゼだと思っていたらじつはまったく違っていた、なんてことも起こるかもしれない。実際、DNAポリメラーゼσがまったく違う機能をもっているとする報告も出始めている。

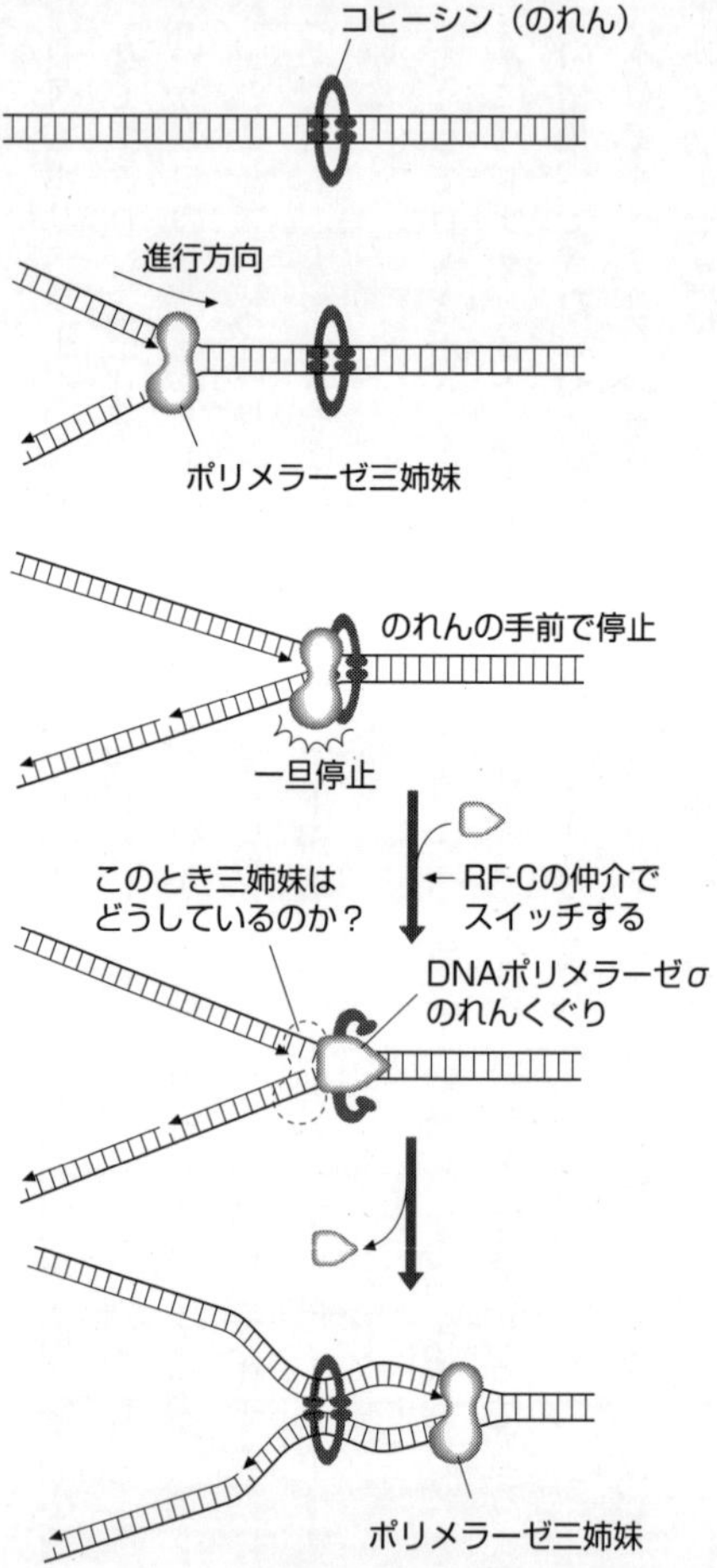

図3-12　DNAポリメラーゼσのはたらき（仮説）

名脇役はなぜ存在するのか

ＤＮＡポリメラーゼの進化と大きく関係することだが、こうした不思議なＤＮＡポリメラーゼたち、すなわちＤＮＡ複製の名脇役たちが存在することに、一体どのような意味があるのだろうか。これまで読者諸賢を苦しめてきた科学的思考をちょっと脇に置いて、哲学的思索で頭をリフレッシュさせてみよう。

もしもＤＮＡポリメラーゼがα、δ、εの三姉妹だけだった場合、どのようなことが起こるだろうか。

私たちの細胞は、常にＤＮＡが損傷する外的要因にさらされている。その最大かつ最も効果的なものが、紫外線である。

紫外線の大部分はオゾン層でカットされるが、カットされきらなかったものは地上に降り注ぎ、生物の体に突きあたり、さらにＤＮＡに傷をつける。

ところが、思い出していただきたい。ＤＮＡポリメラーゼ三姉妹は、たった一つの傷があるだけでポリメラーゼ反応を停止してしまう。ということは、紫外線により生じたチミンダイマーが一個でもあれば、おそらく複製は止まってしまうだろう。

これは大変なことである。常に紫外線その他の要因によってＤＮＡが損傷し続けるこの地球上では、生物は生きていくことができなくなってしまうではないか。

そうならないために、おそらく多少の傷があっても細胞増殖が行われるよう、こうした損傷乗り越え型DNAポリメラーゼが進化してきたと考えられる。

DNAポリメラーゼηにしろDNAポリメラーゼκにしろ、そもそも鋳型に忠実ではないという「いい加減さ」を持っていたがために、紫外線で傷ついたTに対してもAをペアリングすることができ、発がん性物質が結合してしまったGに対してもCをペアリングすることができるのである。彼らまでもがもし鋳型に忠実であったなら、傷ついた塩基に対する正確なペアリングはおそらくできなかっただろう。

だが、こうした「いい加減さ」が、自分の専門分野以外のDNA損傷に対する間違ったペアリングを助長し、ミスペア・エクステンダーたるDNAポリメラーゼζに活躍の場を与えてしまうことにつながっているともいえる。

こうした損傷乗り越え型DNAポリメラーゼたちがDNAの変異にどの程度まで関与しているのかについてはまだまだ研究の余地は残されているものの、「発がん」という私たち人間にとって非常に厄介な出来事が、「いい加減」だがそれゆえにこそ細胞増殖に必須となったこれらDNAポリメラーゼの振る舞いと大いに関係しているというのは、考えてみれば皮肉な話である。

いや待て、果たして本当に皮肉なことなのだろうか?

生物が進化してこられたのは、ひとえにDNAが変異し続けてきたことが原因ではなかったか？

DNA組み換えやゲノム重複（進化の過程でゲノムが倍数化してしまうこと）などの大がかりな進化劇をのぞけば、複製のたびに起こるちまちまとしたDNAの変異こそ、豪華絢爛たる生物の多様性をもたらした進化の原動力ではないだろうか。

たとえDNAポリメラーゼζ（ゼータ）が発がんをもたらすDNA変異に関与しているとしても、それ以上に、DNAポリメラーゼζは生物進化に貢献してきた、ともいえるのではないか。なぜならDNA変異には、発がんや致死をもたらすものだけではなく、生殖系列細胞に中立的に生じた結果、生物進化に大きく関わってきたものも少なからず存在すると考えられるからである。

誤解のないように申し添えておくと、名脇役たちはその形や種類こそ違え、大腸菌にも存在している。主役と名脇役のコンビネーションは、生物共通の特徴なのである。

これらがどのように多様な生物進化をもたらしたか、その分子生物学的メカニズムが解明されるのも、そう遠い先のことではないと思われる。

第4章

片足を上げるDNA

～ＤＮＡ複製の全体像～

DNA複製の全体像とは

第1章で、DNA複製の開始についてのお話と、複製フォークが左右に開きながら複製しているというお話をした。そして第2章、第3章では、それぞれのDNAポリメラーゼの機能についてお話をしてきた。

それでは複製フォークでは、一体どのような感じで、またどのようなやり方で複製が行われているのだろうか。これを語らずして、DNA複製の醍醐味(だいごみ)を味わうことはできない。

花形スターであるDNAポリメラーゼα(アルファ)、δ(デルタ)、ε(イプシロン)、そしてMCMヘリカーゼは、一体どのように「複製マシン」としてはたらいているのだろうか。

いよいよ本章で、その全体像に迫ってみることにしよう。

片足を上げたラギング鎖

かつて、レオタード姿の若い女性が集団で踊りまくる、ある消費者金融会社のテレビコマーシャルがあった。よくあれだけシンクロナイズしたダンスを少しも間違えずに覚えられたものだと、そればかり感心して見ていた記憶がある。

それはともかくとして、ダンスの一部で片足をぱっと頭上高く上げるポーズがあった。

二本鎖DNAは、MCMヘリカーゼによって切り開かれて二本の一本鎖DNAとなり、それぞれがそれぞれのメカニズムによって複製されていくが、この状態を足にたとえると、その切り開いていく部分、すなわちMCMヘリカーゼやDNAポリメラーゼを含めた複製複合体の部分が「股」であり、二本の複製されつつあるDNAが「二本の足」となる。

ところがこの二本の足、その一方を、CMの女性のようにぐいっと上げているのである。足を上げる必要性は？　それがじつはちゃんとあるのだ。

くどいようだが、DNAには方向性があるということをもう一度思い出していただきたい。

一方の鎖（リーディング鎖）は普通に複製が行われるのに対し、もう一方の鎖（ラギング鎖）は断続的に、岡崎フラグメントをちまちま合成しながら、最後に一本につなげる形で複製が行われる。第1章の最後で述べた、「一歩進んで二歩さがる」返し縫い形式である。

現在の主流の考え方では、複製複合体は、常に一緒になって行動すると考えられている。DNAを切り開くMCMヘリカーゼと、リーディング鎖を合成するDNAポリメラーゼε、ラギング鎖を合成するDNAポリメラーゼδ、そして、最初にRNAプライマーと短いDNAを合成するDNAポリメラーゼαは、常に同じ複製複合体の中にいるのである。

したがって、リーディング鎖とラギング鎖がそれぞれ逆方向に複製されていくためには、ラギング鎖のほうが一八〇度回転した格好で複製複合体の中を滑らなくてはならない。ラギング鎖は、一八〇度回転して複製複合体と結合し、そこでようやく複製されるのである（図4-1）。こう

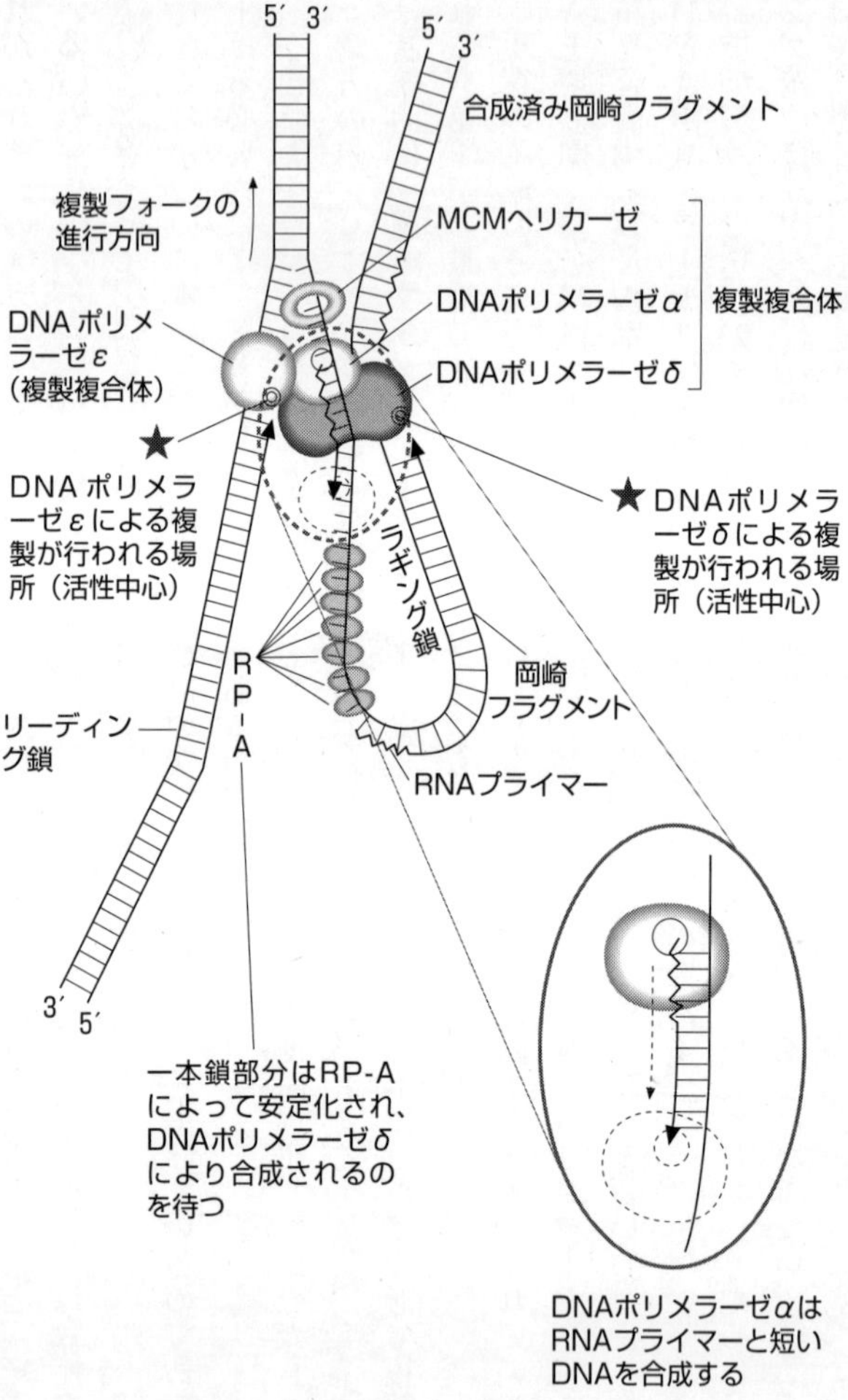

図4-1　片足を上げるDNA

して、まるでDNAが片足をぴゅんっと上に上げたような格好で複製されていくモデルができあがる。

リーディング鎖のほうは、MCMヘリカーゼがDNAを切り開いた後、複製フォークの進行にともなって順当に複製されていくからわかりやすいが、わかりにくいのはラギング鎖のほうだ。

図4-2で、その概略をご説明しよう。

DNA複製はこうして行われる

まず、複製開始点から左右両方向（図では上下両方向）に、MCMヘリカーゼによってDNA二本鎖が切り開かれ、複製が開始される。最初に、リーディング鎖のRNAプライマーならびにその先の短鎖DNA（ここでは以降、RNA／DNAプライマーと呼ぶ）を、DNAポリメラーゼαが合成する（図4-2①）。

そこでポリメラーゼ・スイッチが起こり、DNAポリメラーゼαからDNAポリメラーゼεへとバトンタッチされ、以降、DNAポリメラーゼεがリーディング鎖を合成していく（②）。

さて、この先はラギング鎖の話となる。

ラギング鎖で、最初のRNA／DNAプライマーがDNAポリメラーゼαによって合成される（③）。図では便宜上、RNA／DNAプライマーの合成方向をMCMヘリカーゼと逆に描いたが、

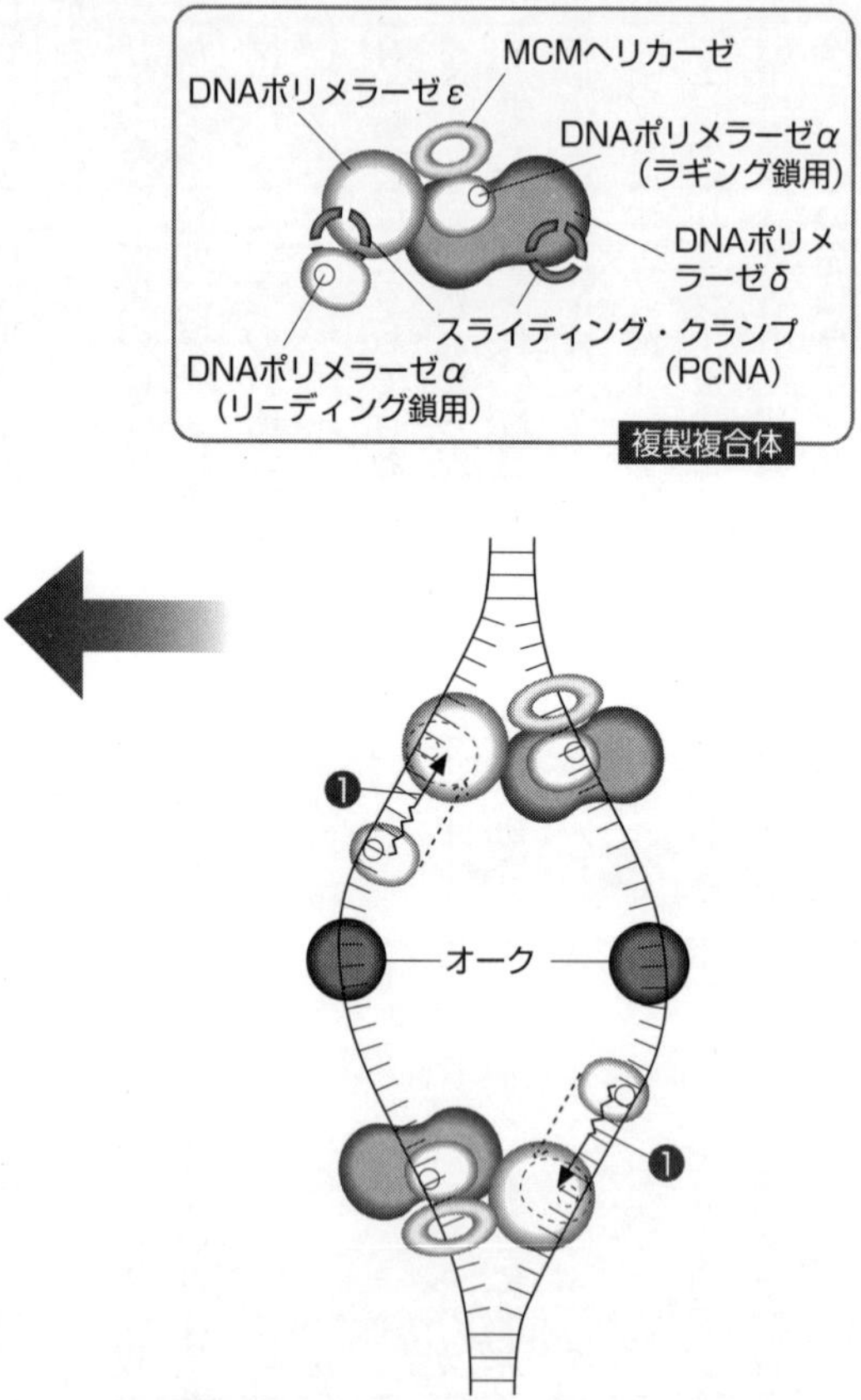

複製開始

❶ リーディング鎖用DNAポリメラーゼαがRNAプライマーと短鎖DNA（RNA／DNAプライマー）を合成

図4-2　複製の流れ1

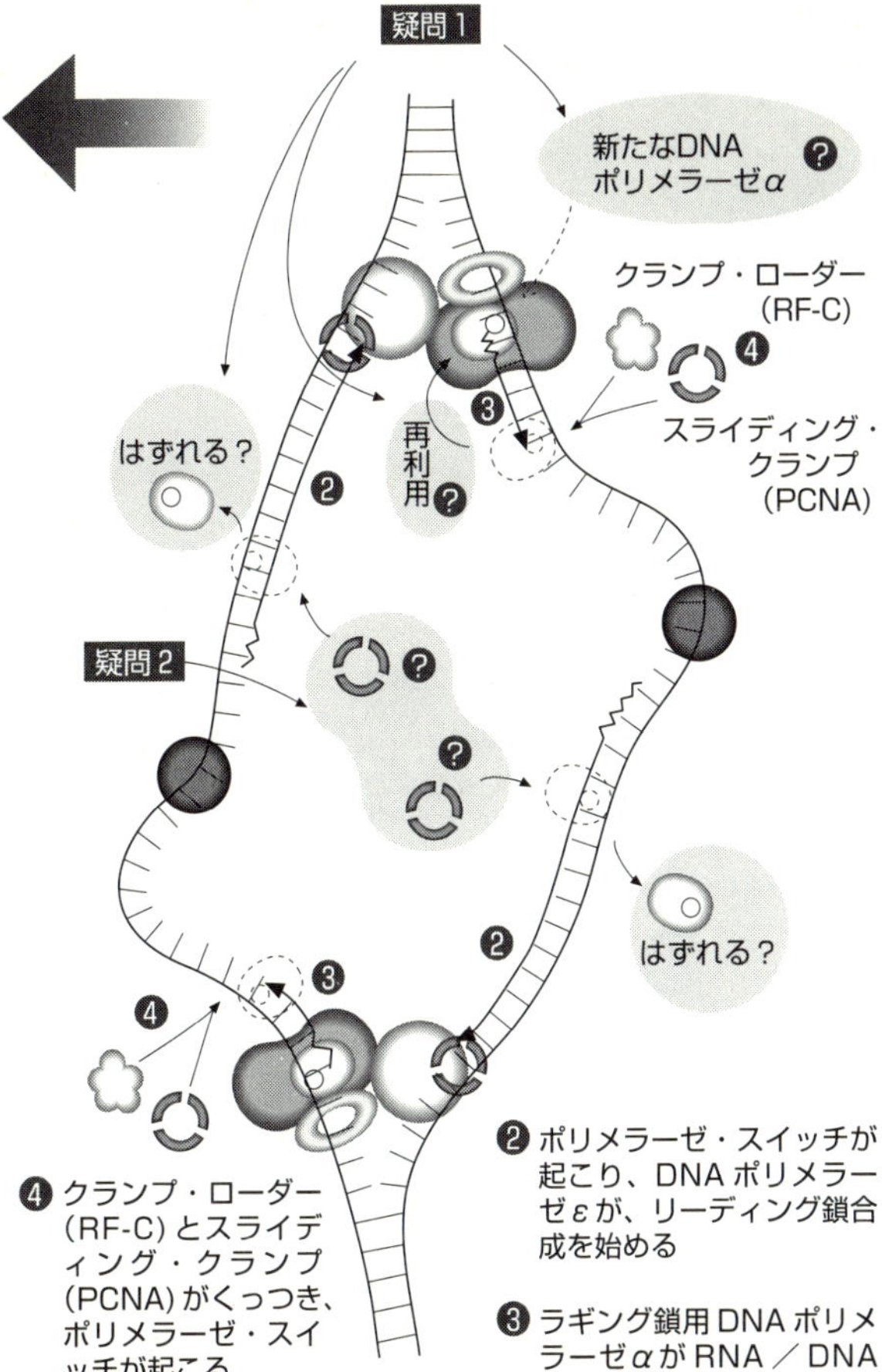

❹ クランプ・ローダー（RF-C）とスライディング・クランプ（PCNA）がくっつき、ポリメラーゼ・スイッチが起こる

❷ ポリメラーゼ・スイッチが起こり、DNA ポリメラーゼεが、リーディング鎖合成を始める

❸ ラギング鎖用 DNA ポリメラーゼαが RNA ／ DNA プライマーを合成

図 4 - 2　複製の流れ 2

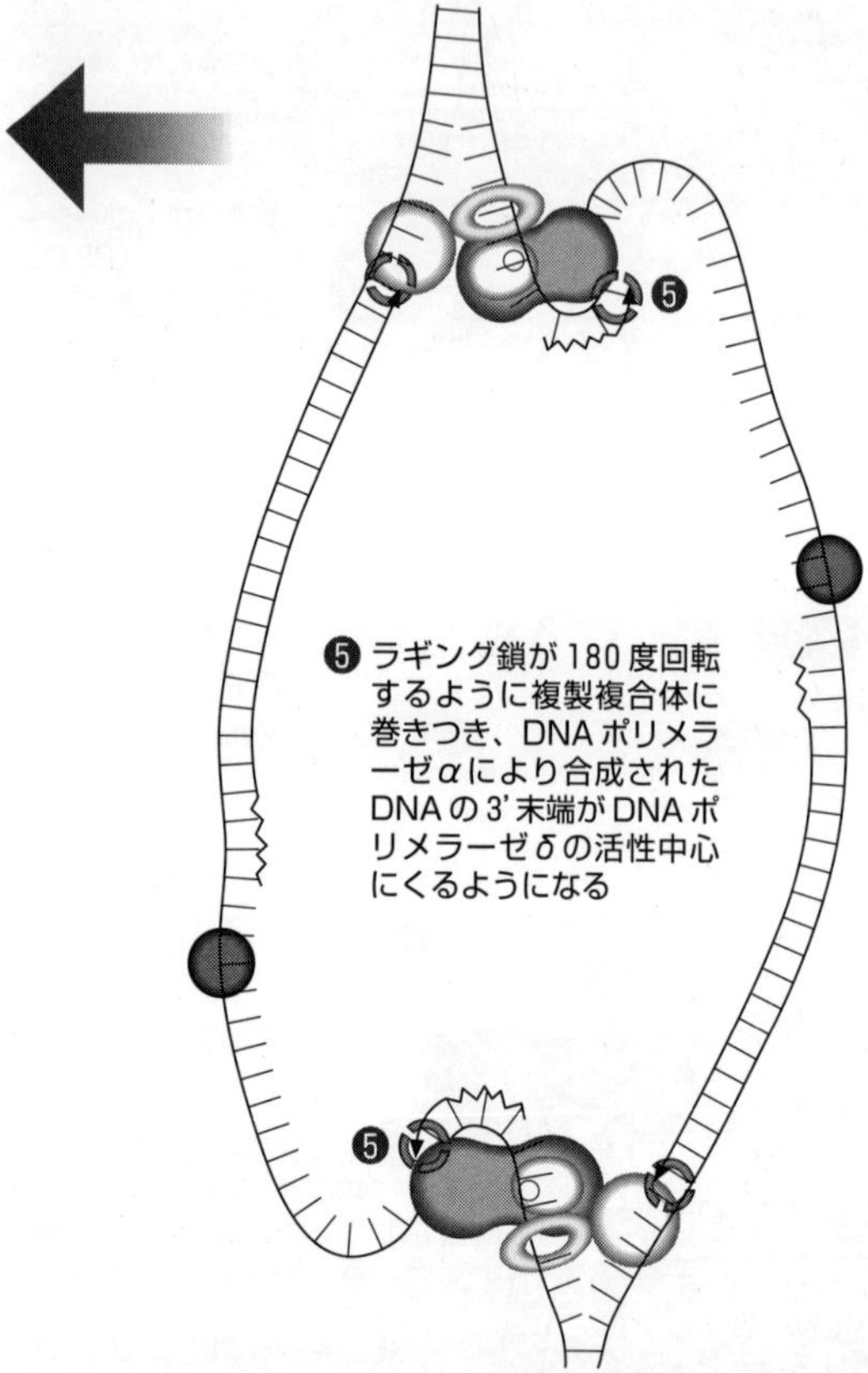
5
❺ ラギング鎖が 180 度回転するように複製複合体に巻きつき、DNA ポリメラーゼαにより合成された DNA の 3' 末端が DNA ポリメラーゼδの活性中心にくるようになる
5

図 4 - 2　複製の流れ 3

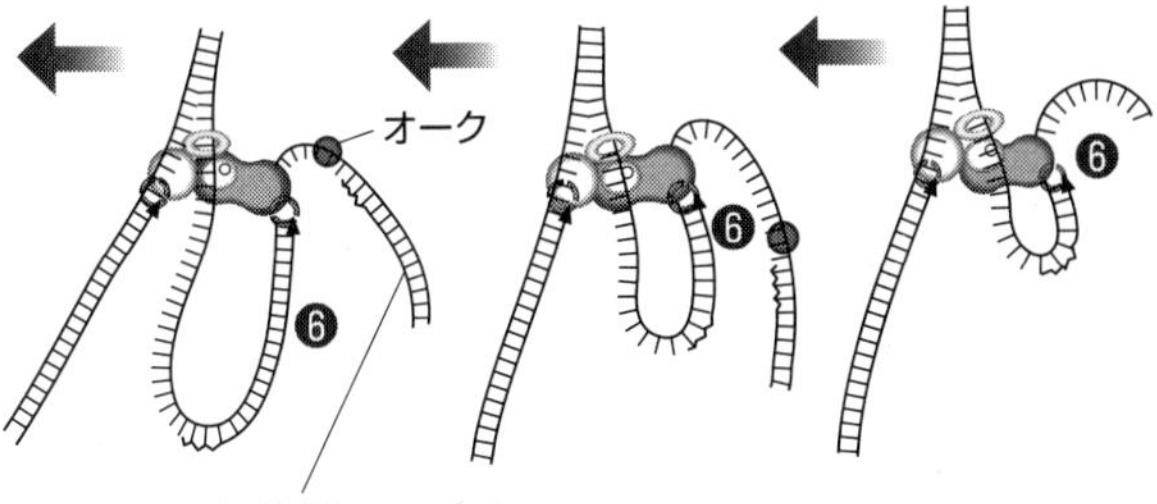

図4-2　複製の流れ4

実際にどのように合成されるかは不明である。

そこにRF-C（クランプ・ローダー）ならびにPCNA（スライディング・クランプ）がやってきて結合すると同時に、DNAポリメラーゼαが離れる（④）。それと相前後して、ラギング鎖が一八〇度回転するようにして複製複合体に巻きつき、DNAポリメラーゼαが離れた後のRNA／DNAプライマー末端にDNAポリメラーゼδの活性中心が結合する（⑤）。

そして、DNAポリメラーゼδによる岡崎フラグメントの合成が行われるが、このとき、あたかもDNAが片足を上げているように、ラギング鎖が反対方向にたわみながら複製が進行するのである（⑥）。

やがて、DNAポリメラーゼδによるラギング鎖合成は、ステップ①②で反対方向に複製されていった複製フォークのリーディング鎖最初のRNA／DNAプライマーへと到達する。DNAポリメラーゼδはそのまま、そ

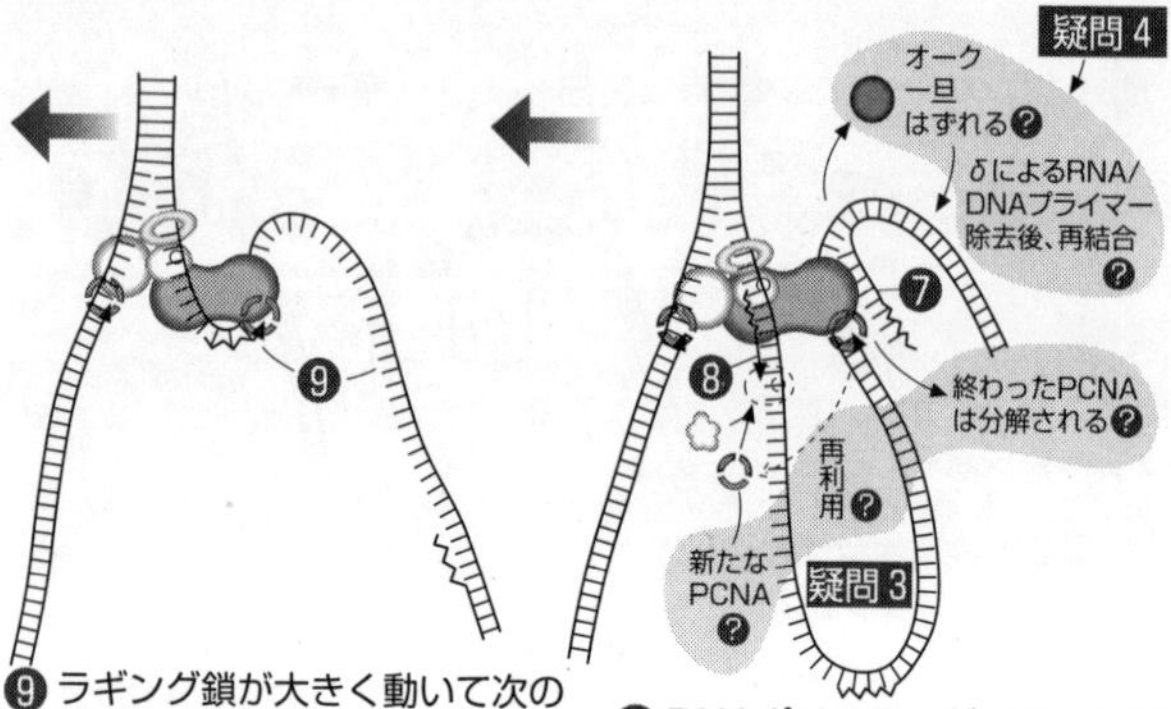

⑨ ラギング鎖が大きく動いて次のRNA/DNAプライマーの3′末端がDNAポリメラーゼδの活性中心にくるようにする。
ポリメラーゼ・スイッチが起き、DNAポリメラーゼδが合成を始める

⑦ DNAポリメラーゼδが、反対側の複製フォークで合成されたリーディング鎖のRNA/DNAプライマーを除去する

⑧ ラギング鎖で次のRNA/DNAプライマーが合成される

図4-2　複製の流れ5

のRNA／DNAプライマーを押しのけるようにしてとり除き、岡崎フラグメント合成をまず一つ終える（⑦）。

それと相前後して、DNAポリメラーゼαが次のRNA／DNAプライマーを合成する（⑧）。ラギング鎖が大きく動き、④⑤と同じステップによりDNAポリメラーゼδが次のRNA／DNAプライマー末端に結合し、岡崎フラグメント合成を開始する（⑨）。あとは、複製が終了するまで、このステップが延々とくり返されることになる（⑩）。

要するにラギング鎖は、リーディング鎖の複製が終了するのを待てずに、岡崎フラグメント合成という無理な行為をあえて行いながら複製するのである。しかも片足を上げながらという不自然な格好で。その結果、ファス

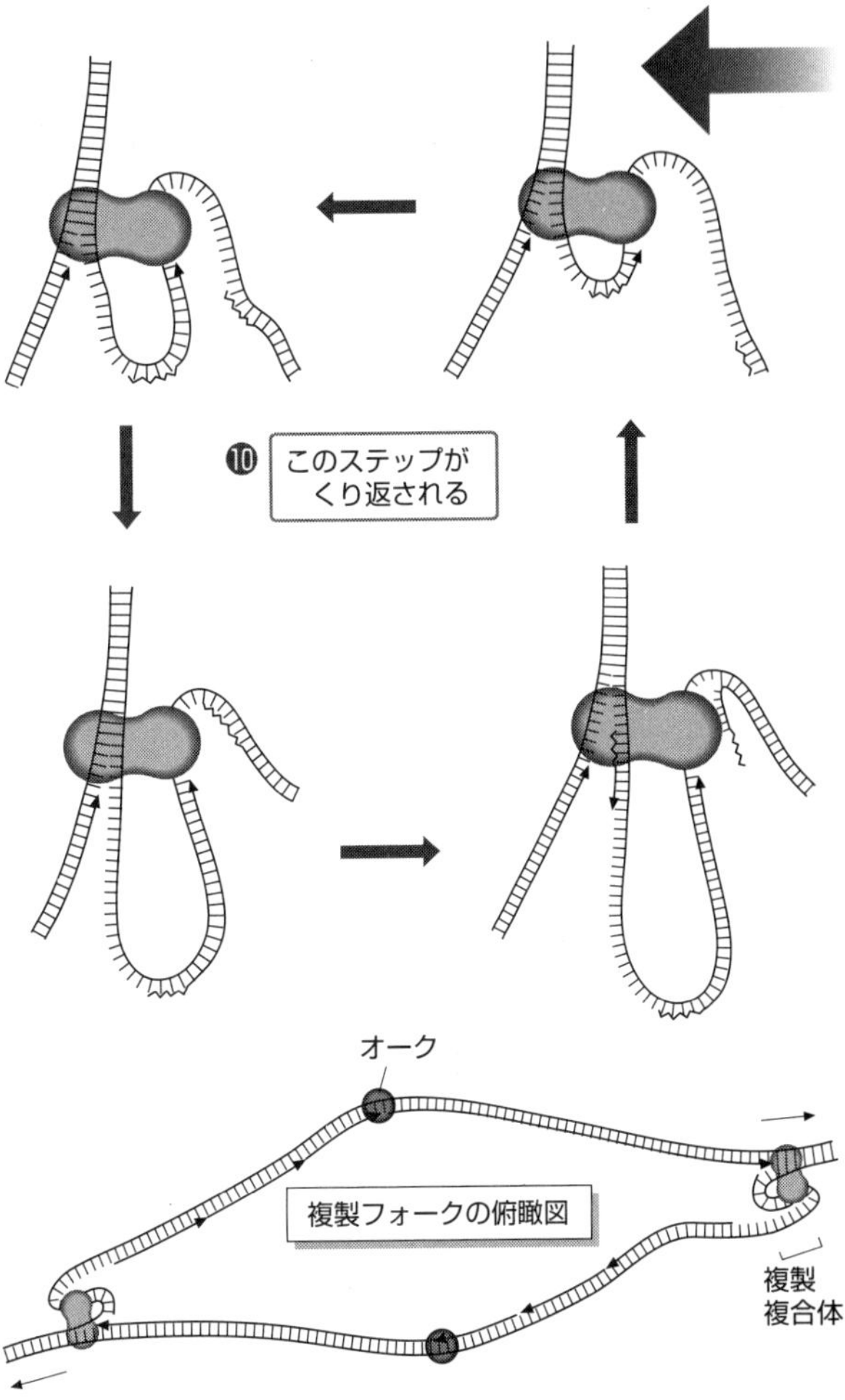
⑩
このステップが
くり返される
オーク
複製フォークの俯瞰図
複製
複合体

図4-2　複製の流れ6

ナーが開くようなスムーズで美しい複製反応にはならず、ラギング鎖のほうが、体をスコップで切断されてのたうつミミズのような状態で複製されるのだ。もっとも図4‐2の俯瞰(ふかん)図のように、遠目で見れば美しい複製ということになるのかもしれないが。

なお、第1章32ページでも述べたように、この複製フォークは、私たち真核生物では一分間におよそ二〇〇〇塩基程度の速度で進行すると考えられている。

いまなお残る多くの謎

図4‐2はあくまでも、これまでの生化学的、分子生物学的データから類推される一つのモデルにすぎないのであって、本当にこのように複製が行われているかどうかはわからない。実際、多くの疑問点が解決されないまま残っている。いくつか挙げてみよう。

まず、リーディング鎖でRNA／DNAプライマーを合成するDNAポリメラーゼαと、ラギング鎖でRNA／DNAプライマーを合成するDNAポリメラーゼαが、果たして別のものか同じものか、という問題がある。DNAポリメラーゼαはダイマー（同じものが二つくっついている）として存在しているという報告があり、おそらく別の分子だろうと思われるが、決定的ではない。

また、ラギング鎖のDNAポリメラーゼαに限っても、果たしてすべての岡崎フラグメントの

RNA／DNAプライマーを同じ分子が合成するのか、それとも一つ一つ交代しながら合成するのかも明らかではない（図4‐2‐2、疑問1）。

PCNAは、ラギング鎖では「スライディング・クランプ」としてDNAポリメラーゼδを助けているが、果たしてリーディング鎖でもDNAポリメラーゼεを助けているか、という問題もある（図4‐2‐2、疑問2）。もっとも、DNAポリメラーゼεがリーディング鎖を合成するという説も一つの仮説にすぎず、このあたりのメカニズムは今後解明されるべき問題であろう。

また、DNAポリメラーゼαと同様、PCNAについてもそれぞれの岡崎フラグメントで交代しながらクランプとしてはたらいているのか、それとも同一分子が全岡崎フラグメントで関与しているのかもわかっていないし（図4‐2‐5、疑問3）、複製開始点に残ったオークが、そのいいいい結合している部分が複製されるとき、どのような状態になっているのかもわかっていない（図4‐2‐5、疑問4）。

なぜ待てないの？

話がそれたが、おそらくここで、ほとんどの読者は次のような疑問をもたれるに違いない。

なぜラギング鎖は、リーディング鎖が複製し終わるまで待てないの？　あるいは、なぜラギング鎖は、リーディング鎖とは別に複製されないの？

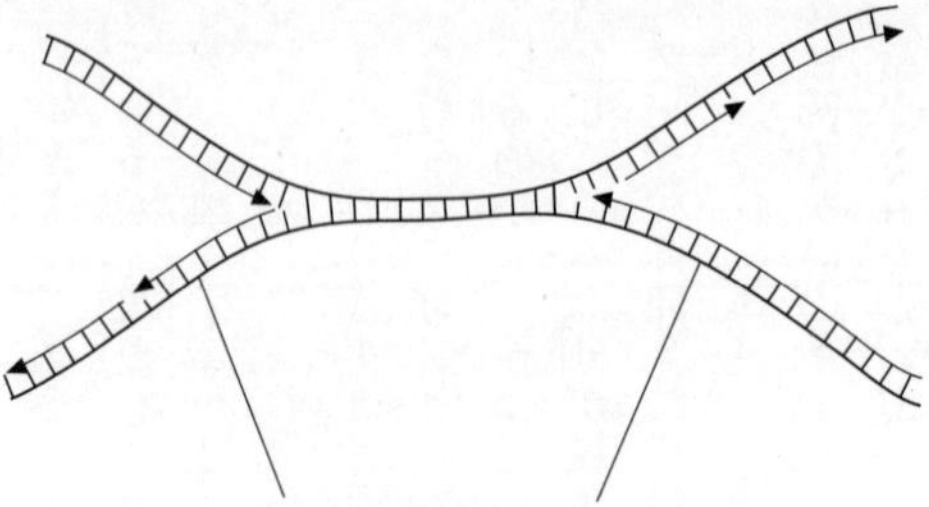

ラギング鎖と隣のリーディング鎖は
つながっているはずなのだが…

図4-3　待っていればいいのに…

ＤＮＡ複製は同時にたくさんの場所からスタートするから、しばらく待っていれば複製されつつあるＤＮＡは、隣の複製開始点からやってくる複製フォークとぶつかるはずだ。

ラギング鎖は、隣の複製フォークのリーディング鎖とつながっているわけだから、そのままおとなしく待っていれば、隣のリーディング鎖を複製してきたＤＮＡポリメラーゼεが、そのまま複製を続けてくれるはずだろうに……（図4-3）。

また、どうせ返し縫いのように、リーディング鎖とはまったく違う方法で複製されるのなら、返し縫い専門の複製複合体が別にあって、それがラギング鎖を複製するほうが簡単じゃないか……。

片足を上げてまで一緒に複製される理由とは一体何だろうか。一緒に複製されたほうがそりゃあ早く複製されるに決まっているが、どうも単に時間的な問題だけではなさそうである。

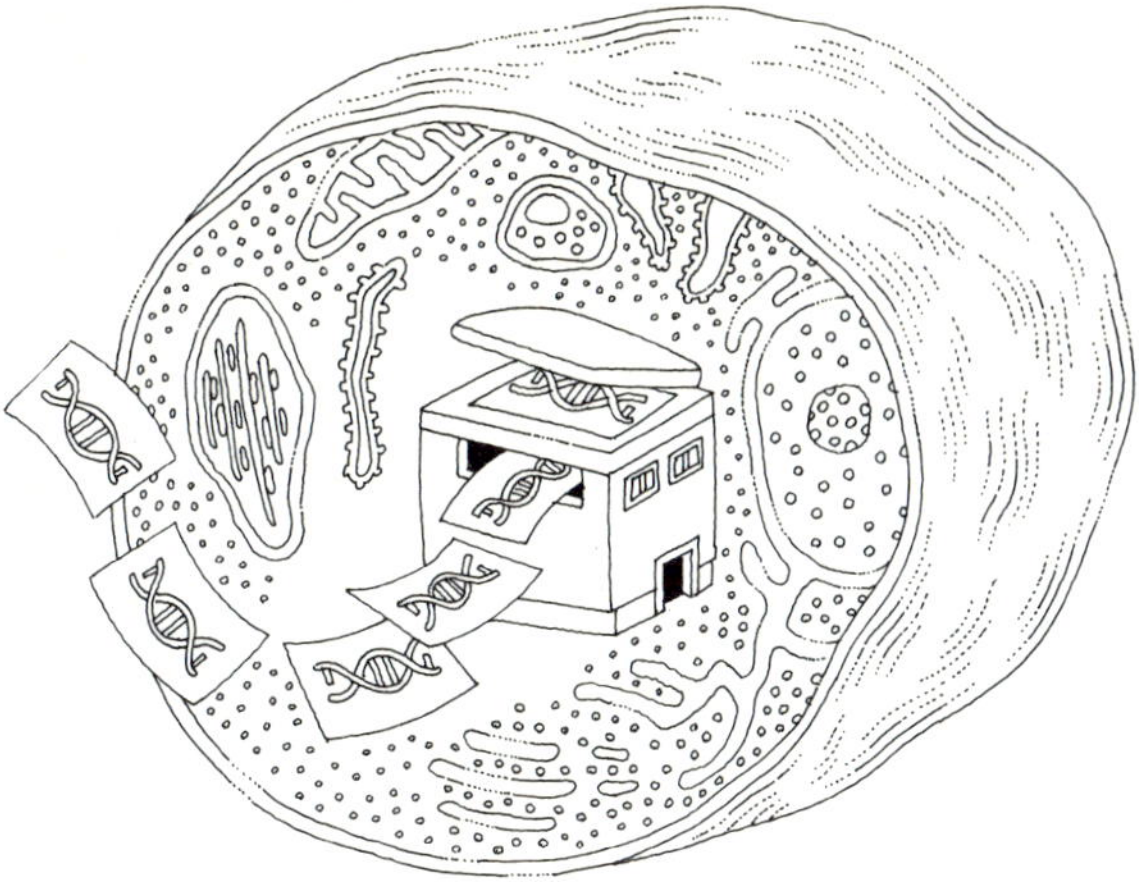

複製工場

ラギング鎖がせっかちである理由

じつは、細胞核の中でＤＮＡがどのように複製されるのか、その立体構造的な全体像はあまりよくわかっていない。

これまで述べてきたように、一般的にＤＮＡ複製は、ＤＮＡの上をＤＮＡポリメラーゼが動くと考えられがちだが、実際にはその逆ではないか、すなわちＤＮＡポリメラーゼは固定されていて、その上をＤＮＡが動くのではないか、という考え方がある。

これは、英国オックスフォード大学サー・ウィリアム・ダン病理学研究所のピーター・クック博士らが提唱している考え方だ。博士は、「複製工場」という大きなタンパク質の複合体（もちろんその中にＤＮＡポリメラーゼが含まれる）の中を、ＤＮＡが滑り込むようにして進み、そのときに複

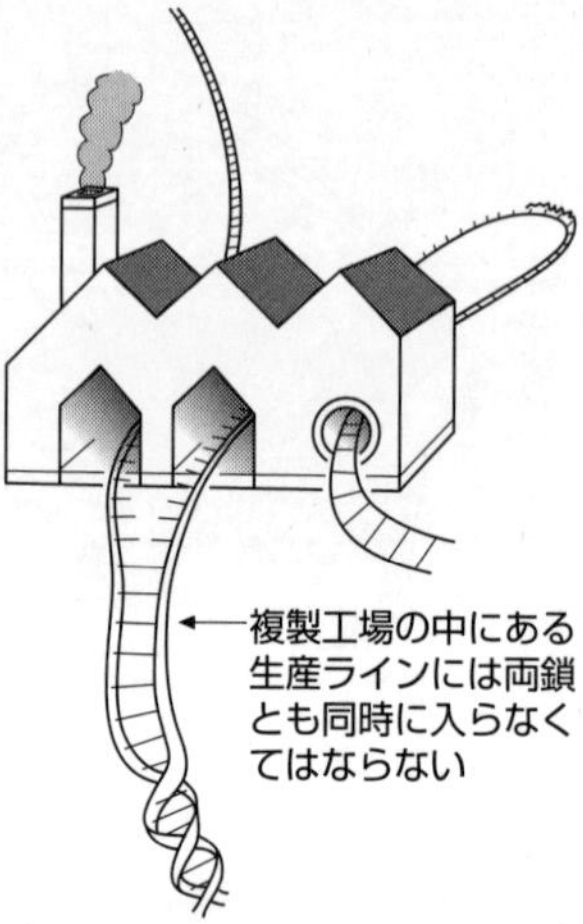

複製工場の中にある生産ラインには両鎖とも同時に入らなくてはならない

図4-4　せっかちの原因

製反応が起こるとするモデルを提唱している。この複製工場は、本章で述べてきた「複製複合体」数十個分に相当する大きな集合体であると考えられる。

細胞核の中に複製工場というものがあって、そこをDNAが通り抜けていくという考え方の根拠となるデータはいくつもある。中でも最もわかりやすいのは、DNA複製を行っているDNAポリメラーゼが、核の中に縦横無尽にはりめぐらされたタンパク質で構成された「核骨格」と呼ばれる構造と、きわめて強固に結合している、というデータであろう。

さらに第1章40ページで述べたように、「蛍光標識ヌクレオチドアナログ」を細胞にとり込ませてDNAが複製されている部分を目で見えるようにし、時間を追って観察してみると、複製複合体が左右に切り開きながらDNAを複製すると考えるよりも、ある一点を通り過ぎるDNAが順に複製されていくと考えるほうが理屈にあっているような観察像が得られることも、複製工場説を裏づけるものとなっている。

複製工場説は魅力的な仮説だが、たとえば核の内側表面にぎゅっと縮まって存在し、遺伝子が活性化されていない部分のDNAも同じように複製工場で複製されるのか、核小体（核の中に目玉のように存在する小さな構造体）に入り込んでいるDNAも同じように複製されるのか、といったように、複製工場説だけでは説明しにくい部分も残っている。

複製工場では、DNAはまるで、生産ラインに入っていくベルトコンベアのようである。そして、生産ラインからは二本に分かれて出てくることになる（図4－4）。

DNAの上をDNAポリメラーゼが動いてくれるならば、ラギング鎖もおとなしく待っていることができたかもしれないが、複製工場にDNAが入っていくというモデルが正しいとすれば、ラギング鎖もリーディング鎖と同時に生産ラインに乗らなければならないだろう。

方向性が逆だろうと何だろうと、一度生産ラインから出てしまっては、もはや複製の機会はないからである。

おそらくこれが、ラギング鎖がせっかちで、かつリーディング鎖と一緒に複製されなければならない理由であろう。

バイパスを行くDNAポリメラーゼ

せっかちついでに、ラギング鎖の奇妙な振る舞いを、一つだけご紹介しよう。

自動車で走行中、道路が工事中で通れないことがわかったとき、あなたならどうするだろうか。

あきらめて家に帰るだろうか。それとも、工事中でも何でも踏んづけりゃあいいと開き直って強行突破するだろうか。

おそらくほとんどの人が、別のルートを探るだろう。脇道を行くとか、地元民しか知らないような道をくねくねと迷いながら進むとか、あるいは今ならカーナビがかなり普及しているから、おそらく迷わずにいずれかの道を使って目的地へと到着することができるだろう。

複製複合体がDNA損傷部位に遭遇したときの緊急時の対策として、名脇役のY型DNAポリメラーゼ（η、ι、κなど）による損傷乗り越えDNA合成が行われることを第3章で述べた。

しかしこの他に、まったく別のメカニズムを駆使して乗り越えるとするモデルがある。これが「鋳型スイッチ」と呼ばれるものだ。

DNAポリメラーゼ、なんと「バイパス」を走るのである。

じつは複製の最中、すぐ近くに手頃なバイパスがある。DNAはMCMヘリカーゼによって一本鎖になった後、一方がリーディング鎖、一方がラギング鎖となって、違う方式で複製されていく。そう、複製されつつあるもう一方の鎖、それがバイパスとなるのである。

概略は次の通りだ。

リーディング鎖を複製していたDNAポリメラーゼが損傷部位にさしかかると、ポリメラーゼ反応が停止してしまう。どうしようかと思ってふと見ると、すぐ隣に、ラギング鎖を複製するた

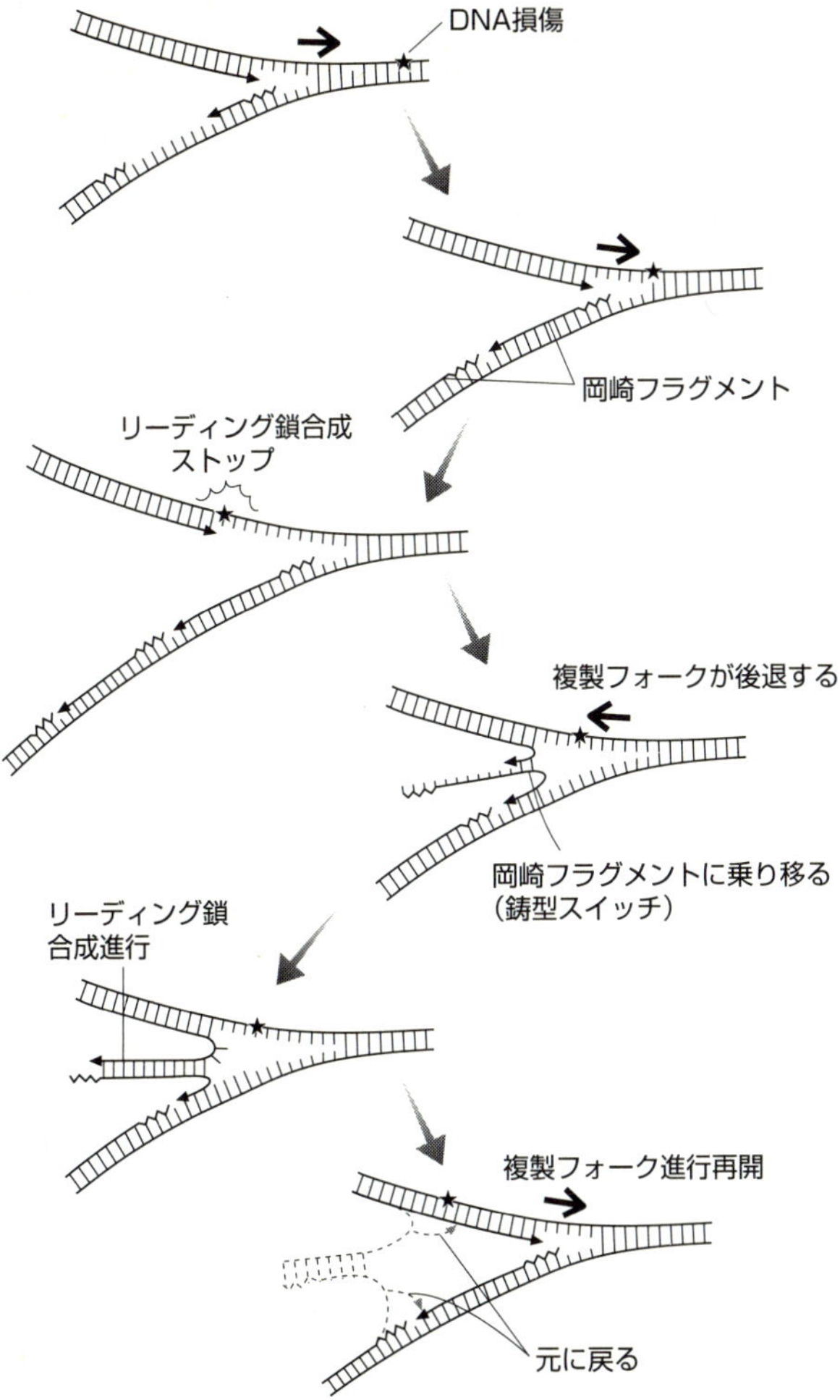

図4-5　忙しすぎる岡崎フラグメント

めにちょっとずつ合成されている岡崎フラグメントがある。

これだ！　と思ったDNAポリメラーゼは、ひょいっとリーディング鎖から離れ、岡崎フラグメントへと乗り移るのである（このとき、複製フォークがやや後退する）。そして、その岡崎フラグメントを鋳型として複製を再開するのだ（図4－5）。

岡崎フラグメントは短いけれども、わずかな損傷部位を乗り越えるためのバイパスとしては十分で長すぎるほどである。岡崎フラグメントの先までポリメラーゼ反応を進めた後、DNAポリメラーゼはバイパスで複製した新生DNAを引き連れたまま元の鋳型へ戻り、複製を続けるのである。

鋳型と同じ配列にうまく飛び移ることができるのは、おそらくDNAポリメラーゼが、それまで合成してきた新生DNAがうまくぴったりと結合する部分を、バイパスの上で上手に探すからであろう。

誤解のないようにおことわりしておくが、DNAポリメラーゼのほうが飛び移るのではなく、DNAのほうがDNAポリメラーゼを「飛び移らせる」といったほうが正しいかもしれない。「複製工場」仮説で述べたように、実際に動いているのはDNAかもしれないからだ。

いずれにせよラギング鎖のできつつある岡崎フラグメントは、リーディング鎖の鋳型と同じ塩基配列であるからこそバイパスとして利用できるのである。

第5章

複製はこうして終わる

〜残された謎、そして憂鬱なテロメア〜

始まりがあれば終わりもある

この広大な宇宙にも始まりがある。

宇宙は「ビッグ・バン」と呼ばれるものから始まったとされる。今からおよそ一四〇億年ほど昔だそうだ。ビッグ・バンから一〇のマイナス四四乗秒後に重力が生まれ、一秒後に重水素原子核が生まれたというから、その時間感覚は、まさに「あっ」という間である。

そして、宇宙論のある一つのモデルによれば、この広大な宇宙にも終わりがあると考えられている。それが「ビッグ・クランチ」と呼ばれるものだ。ビッグ・バンから始まり、膨張を続ける宇宙はやがて収縮に転じ、最後には特異点とよばれるゼロ次元へと収束してしまうという考え方である。

もし今「ビッグ・クランチ」が起こったらどうであろうか。何も考える余地のない時間内に、われわれは一切を消滅させてしまうだろう。まさに「あっ」という間もない。

これまで、DNA複製の始まりとその過程について述べてきた。ここで読者諸賢は、そろそろDNA複製の終わりについてどのような話が展開されるのか、興味津々(しんしん)で臨んでおられることであろう。

ところが、宇宙とは対称的なミクロなレベルにおいても、私たちはその「終わり」についてほとんど何も知らないのである。

始まる前と終わった後

準備と後片づけ。この二つのうち、読者諸賢はどちらをより重要視されるだろうか。以前、理化学研究所の水野さん（図1－2）と一緒に、日本分子生物学会でワークショップの座長を務めたことがある。座長といっても司会をするだけではなく、ワークショップを組織する世話人という位置づけだったので、事前準備というものをする必要があった。

これがまた結構大変である。ワークショップの目的と意義を考慮に入れながら、だれに講演を依頼するかを決める作業、選んだ講演者に講演依頼をする作業、これらをまとめる作業があり、さらにワークショップ本番における座長としての責務（質問が少ない場合は座長が質問をするのが通例）に向けた準備など、筆者にとっては初めての世話人だったこともあり、周到な準備をして当日を迎えたものであった。

さて本番。二時間半あまりの短い時間ではあったが、一応トラブルもなく乗り切った。聴衆も立ち見が出るほどの盛況のうちに幕を下ろすことができた。さて後片づけ……といっても何もすることがない。会場の設定は学会運営会社がやってくれている。お決まりの挨拶、シンポジストの人たちとちょっとした議論、立ち話をして、そのまま散会である。

要するに、人間は準備、すなわち最初の段階には力を注ぐが、終わった後に力を注ぐことはあまりないのである。「これから始まる」のと「もう終わった」というのでは、力の入れようが違ってくる。

前置きが長くなったが、DNA複製研究に関してもこれがいえる。DNA複製がどのようなメカニズムで開始されるのかについてはどの研究者も一様に興味を示すのに対し、DNA複製がどのように終わるかについてはあまり興味を示さない。その証拠に、私たち真核生物のDNA複製が終わるメカニズムに関する知見は、現段階ではほとんどないのである。

残された謎・その一

ここで、DNA複製の終わり方、そのメカニズムに関する残された謎について整理してみよう。

DNA複製が終わる場所には二種類ある。私たちのDNAは膨大な長さになるので、一度にたくさんの場所から段階的にDNA複製が開始される、ということを思い出していただきたい（第1章32ページ参照のこと）。その場所を「複製開始点」と呼び、複製開始点から左右両方向に向かってDNAポリメラーゼを中心とする複製複合体がDNA複製を行っていく。

DNAポリメラーゼを含む複製複合体が、DNAを複製しながら進んでいくようすを「複製フォーク」と呼ぶ（第1章42ページ参照のこと）。ということは、複製フォークは前章の「せっか

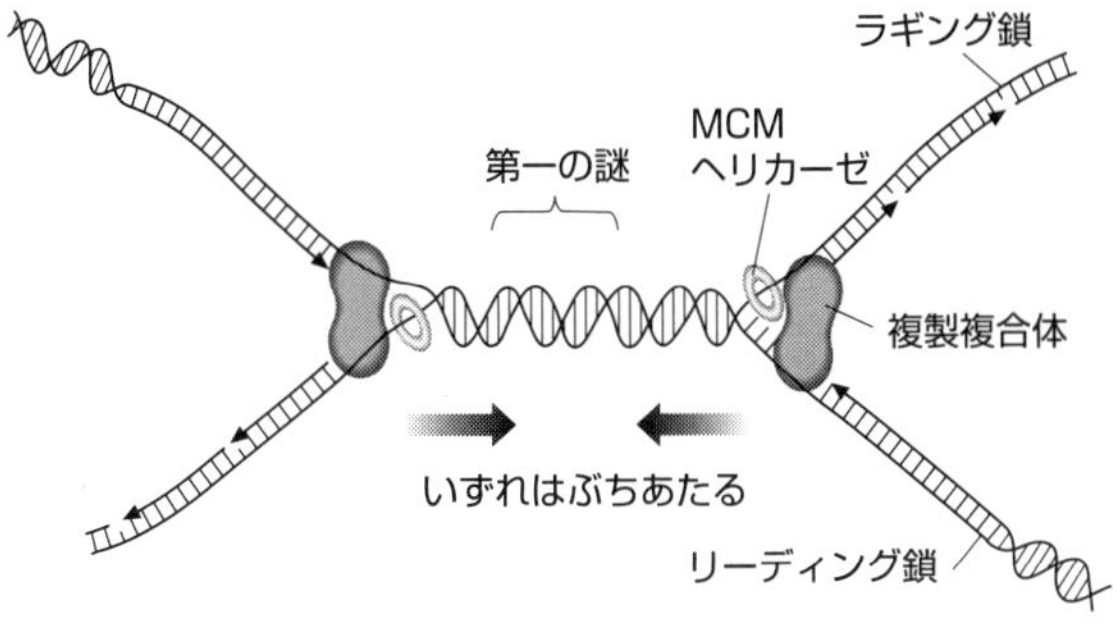

図5-1　複製フォークもいずれはぶつかるはず？

ちなラギング鎖」で述べたように、隣の複製開始点から始まった複製フォークと、いずれはぶつかるはずである（図5-1）。

そう、DNA複製が終わる場所のまず一つ目は、「隣のDNA複製とぶつかった場所」であり、一つ目の謎とはそのぶつかり方のメカニズムのことである。

トンネルはどうやって正確につながるか

では、左右から近づいてきた複製フォークは、一体どのように融合し、DNA複製が完了するのだろうか。

青函トンネルが、青森側からと函館側からの両方から掘り進められたことは有名である。最終的に津軽海峡の中ほどで出合い、両方からのトンネルはうまくつながったわけだ。

複数の複製開始点から開始したDNA複製は、それぞれ左右に複製フォークが進行していくが、いずれは隣の複製開始点から進んできた複製フォークとぶちあたる。北海道側、青森側から掘り進められた青函トンネルが、津軽海峡の真ん中でぶちあたるようにである。

大腸菌では、環状DNAが一個の複製開始点から両方向に複製されていくが、ちょうどその反対側近辺に存在するterと呼ばれる塩基配列（終結配列）の部分が、その「ぶちあたり」の場所であることがわかっている。正確にいうと、ter配列は六ヵ所あり、三番目と四番目のterのあいだで複製が終結するようになっている。

さて問題は、複製フォークが晴れて「ご対面」となったとき、ぶちあたった複製複合体が一体どのような行動をとるのか、ということだ。

複製複合体は、DNAポリメラーゼを含んだ非常に大きなタンパク質の塊である。したがって、ポリメラーゼ反応が行われているところを中心にして、かなり広い領域にわたってDNAはこの大きなタンパク質複合体に覆われていると考えられる。

両者がぶちあたったとき、これらに覆い隠されたかなりの部分のDNAが、まだ複製されずに残っているはずだ。どうやって最後まで複製されるのだろうか？

最も考えやすいのは、どちらかの複製複合体がDNAから離れ、もう一つの複製複合体が、できるところまでDNAを複製し、最後に二つの鎖の末端同士をつなぐタンパク質「DNAリガーゼ」がはたらいてDNA複製は完了する、というものであろうが、これはあくまでも仮説である。

この問題は、DNAポリメラーゼの中をDNAが滑るという「複製工場」仮説でも同様に存在する。DNAは引き伸ばせば一本の線状分子だから、端っこから順番に複製工場をすり抜けていけばいいようなものだが、実際にはそのようなことにはならない。なぜならば、第1章でも述べたように、ヒトではDNAは四六本しかないが、複製開始点は四万ヵ所程度存在すると考えられているからだ。

一体DNAポリメラーゼは、最後にどのように辻褄を合わせてDNA複製を終わらせるのだろうか。これも、今後の研究に大いに期待が寄せられる分野である。

残された謎・その二

さて、DNA複製が終わる場所に関する一つ目の謎については示したが、では二つ目の場所と、そしてその謎とは？

私たちのDNAが線状であることに気づかれた読者諸賢にはもうおわかりであろう。二つ目の場所とは、DNAの「末端」である。

不完全なスライドファスナー

年をとるにつれてだんだん太ってくると、それまではけていたズボンがだんだんきつくなるという経験をおもちの方は多いだろう。だんだんきつくなってくると、ベルトの穴が足りなくなってくるのはもちろんのこと、ズボン本体もウエストがきつくなり、ファスナーがうまくいちばん上まで閉まりきらなくなることがよくある。

ファスナー（スライドファスナー）は、細長い「エレメント」と、それを開閉する「スライダー」からできている。なぜ閉まりきらないかといえば、ウエストが左右に引っぱられた結果、エレメントの先端がやや広がり、スライダーがいちばん上まで行ききらないからだ（図５‐２）。

もっとも、普通の状態でもスライダーで覆われたエレメントは完全には開閉されていない。どうしてもスライダーで覆われた部分は完全に「閉じた」あるいは「開いた」状態にはなっていないからである。

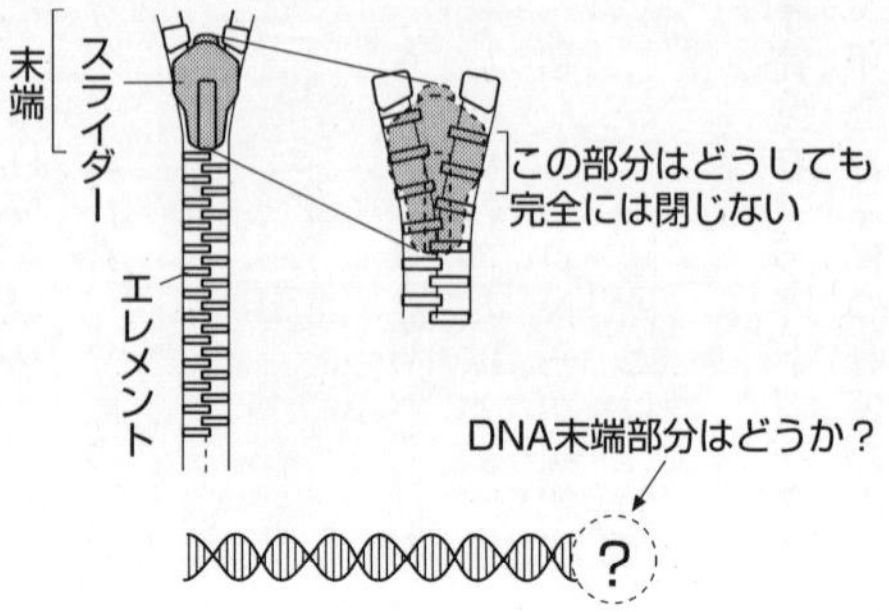

図5-2　不完全な末端部分

ここで重要なことは、そうした状態の場所は常にエレメントの「末端」であるということだ。末端だけが不完全な状態。じつはＤＮＡ複製でも同じことがいえるのである。

ＤＮＡの末端は、一体どのように複製され、ＤＮＡ複製が完了するのだろうか。

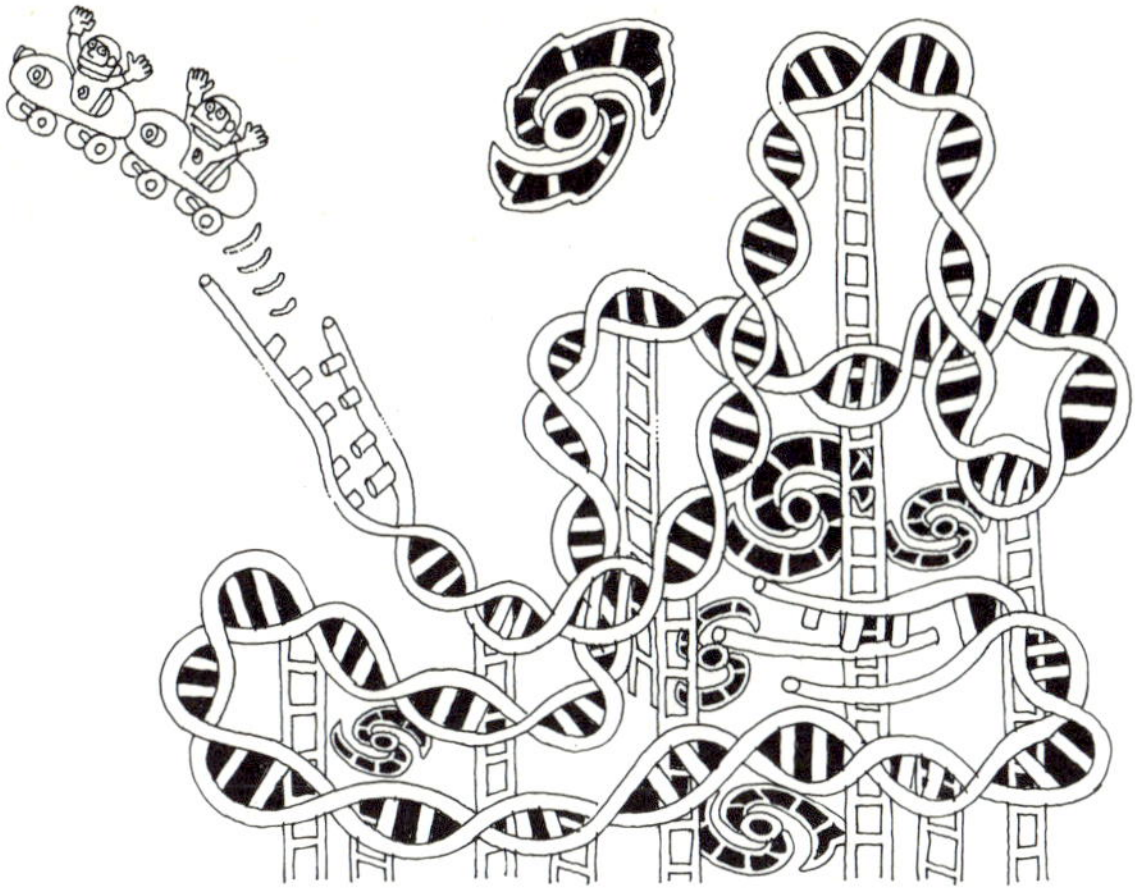

DNAポリメラーゼは銀河鉄道になり得るか

単純か複雑か

世界には絶叫マシンと呼ばれるジェットコースターがたくさんある。普通、ジェットコースターの軌道は、引き伸ばせば大きな一つの輪となるように、始まりと終わりがつながっている。だからこそ乗った場所へ再び戻ってくることができるのだ。

いろいろなジェットコースターがあるようだが、もしも地上何十メートルという高さで、軌道が突然空中で切れているコースターがあったとしたらどうだろうか。

DNAポリメラーゼ（を含む複製複合体）が、どんどんDNAを複製していって、最後についにDNAの末端まで到達したとする。

末端ということは、その先にDNAが存在しないので、何らかの方法によりDNA複製を終了しなくてはならない。

果たしてDNAポリメラーゼは、軌道が突然切れていることに気づかずに空中に飛び出したジェットコースターのごとく、そのままDNAの末端を突っ切って細胞核宇宙へと飛び出すのだろうか。

それともDNAの末端があることを何らかの機構で認識し、そこで停止して後始末をしてから、ゆっくりと役割を終えるのだろうか。

筆者としては、そのまま突っ切って飛び出すほうがDNAポリメラーゼとしても楽だろうし、非常に単純でいいのではないかと思うのだが、残念ながらこの末端部分でどのようにしてDNA複製が終了するのかに関してもほとんどわかっていないのが現状である。

複製工場の観点からすれば、せっかく針の穴に通した糸がそのまますいすいと抜けていってしまうように、DNAがそのまま通りすぎていってしまうだけ、というあっけない終わり方になりかねない。

ここに、果たして何か複雑なメカニズムは存在するのだろうか。

複製の始まりが、第1章で述べたように、「オーク」タンパク質を先導者とする「おにごっこする人この指とまれ」的な精密な秩序によって行われるのであれば、当然終わりもそういった厳密な調節がなされているはずだ、と考える人も多い。

その終わり方は単純なのか、はたまた複雑怪奇なのか？ その真実についても、今後の研究を待たねばなるまい。

残された謎・その三

じつは、DNAの末端にも二種類ある。

何度も述べているように、DNA複製は一方が「リーディング鎖」として、そしてもう一方が「ラギング鎖」として複製される。

リーディング鎖は、前節でも述べたように、DNAは中央側から末端側へと複製され、DNAポリメラーゼも同じように末端の方向へと動いていくので、DNAの末端で飛び出してしまう「銀河鉄道状態」になる可能性があるが、その末端の終わり方についてはまったくわかっていない。これが「残された謎・その二」であった。

一方、ラギング鎖は、大きな視点で見ると中央側から末端へと複製されるのだが、実際には「岡崎フラグメント」が断片的に合成されるために、DNAポリメラーゼそのものの進行は、DNAの末端側から中央側へと断続的に向かう形となる（図5-3）。

だから、リーディング鎖のような銀河鉄道状態にはならない。

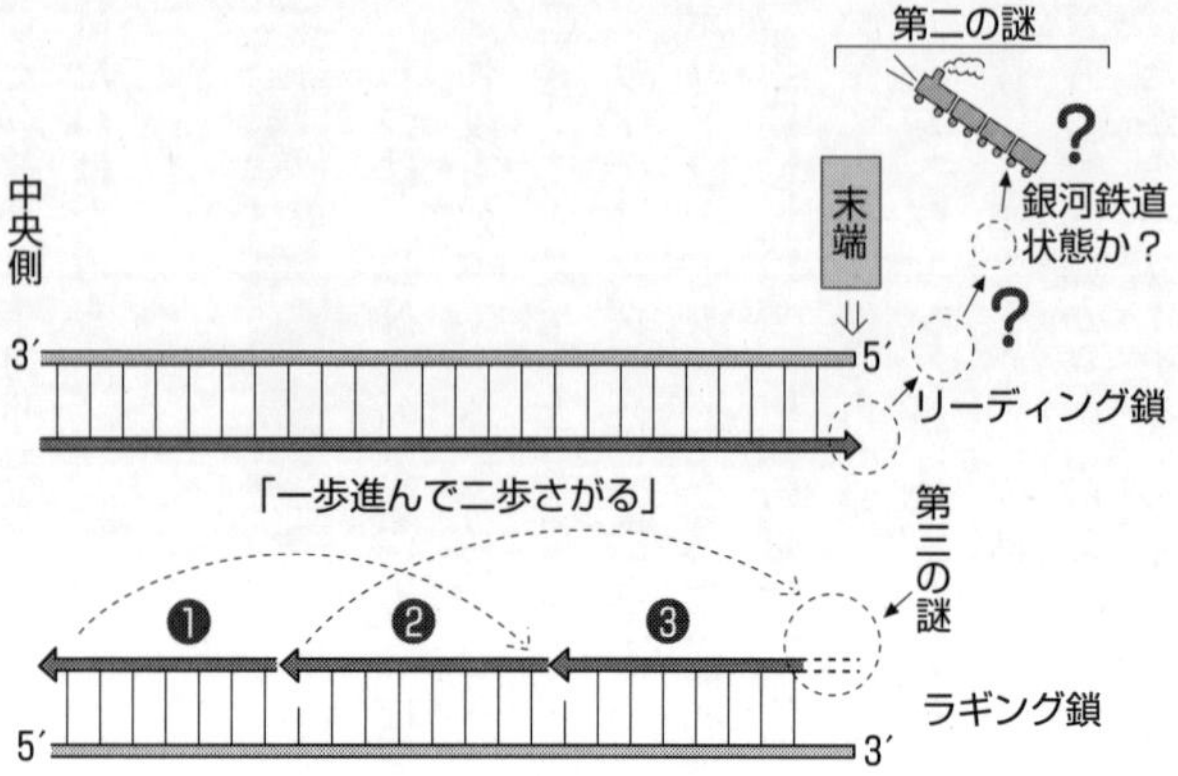

図5-3　第三の謎　ラギング鎖の末端

しかしながら、ラギング鎖の末端部分の複製に、じつは非常に大きな問題が隠されていたのだ。これが第三の謎である。現在その問題は、世界中の分子生物学者によって研究される、じつに活発な研究分野となっている。

DNAの末端（テロメア）は複製のたびに短くなる

ＤＮＡの末端部分は、「テロメア」もしくは「テロメア領域」と呼ばれている。問題となるのは、このテロメアの中で、複製時に「ラギング鎖」として複製される側のＤＮＡである。

さてここで、再び読者諸賢に思い出していただきたいことが三つある。

第一に、岡崎フラグメントでもリーディング鎖でも、まず最初に足場としての「ＲＮＡプライマー」ができるということ。第二に、ＤＮＡポリメラーゼα（アルファ）は、Ｒ

NAプライマーがないとDNAを合成できないこと。そして第三に、足場であるRNAプライマーは、DNAとはやや性質が異なる「RNA」からできていることである。

リーディング鎖の複製は、DNAポリメラーゼが複製開始点から末端に向かってDNAを複製していくので、その終わり方についてはわかっていないにせよ、滞(とどこお)りなく最後まで行われる。ところがラギング鎖では、岡崎フラグメントが末端側から中央側へと断続的に、「一歩進んで二歩さがる」ように合成されるため、不都合が生じる。

RNAプライマーは、DNAポリメラーゼがはたらくために必要な足場として、最初にDNAポリメラーゼα のプライマーゼ・サブユニットによってつくられる。RNAプライマーはラギング鎖の場合、隣の岡崎フラグメントからDNAのハシゴを伸ばしてきたDNAポリメラーゼδ(デルタ)によって除去され、同時にその後がDNAで埋められる（図5‐4）。

こうしてできた複数の岡崎フラグメントは、最終的にDNAリガーゼによってつながり、一本の長いDNAとなって完成する。

ところがである。

RNAプライマーが、末端側の隣にある岡崎フラグメントを合成してきたDNAポリメラーゼδによって除去されるのだとすれば、テロメア末端にある岡崎フラグメントには末端側の隣がないため、RNAプライマーはそのまま居残ってしまうことになる。隣からDNAポリメラーゼδ

がやってくることは永遠にないからだ（図5-4）。

その結果どのようなことが起こるか。

非常に憂慮すべき事態が発生する。RNAプライマーが「RNアーゼH」と呼ばれるRNA分

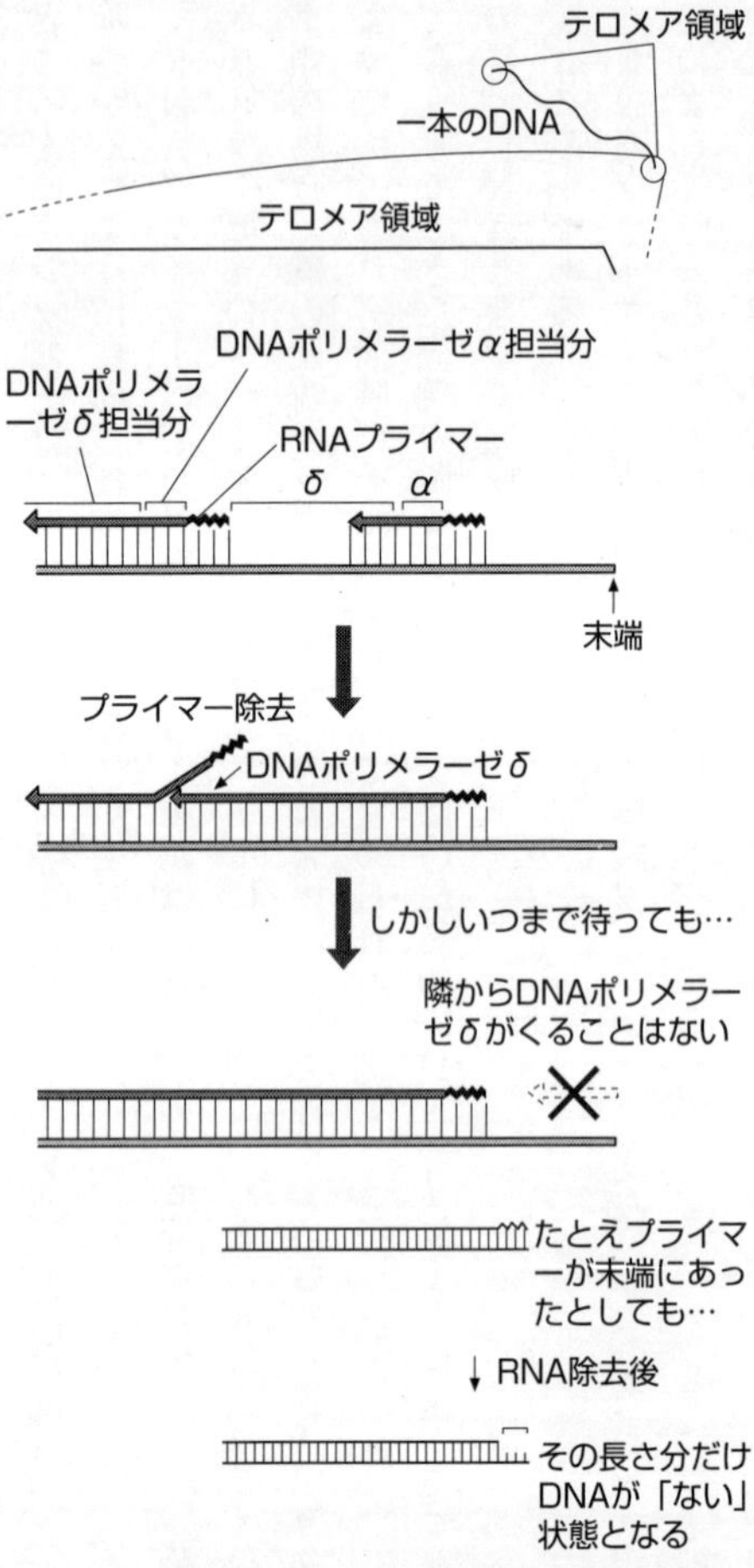

図5-4　短くなるテロメア

解酵素によって分解された後、隣からのDNAによって埋められないテロメア末端は、DNA複製前にくらべて少しだけ短くなるのである。

テロメアが短くならないようにするタンパク質

テロメアが短くなることに一体どのような意味があるのだろうか。テロメアがDNA複製のたびに短くなっていくことを「テロメア問題」もしくは「末端複製問題」と呼ぶが、一体何が「問題」なのだろうか。

まず、テロメアが短くならないようにするタンパク質について触れておこう。

単細胞生物の中で最も有名なものといえば、アメーバとゾウリムシであろう。両者とも「原生生物」という分類で、真核生物の仲間の中で最も小さいものの部類に入る。だれでも一度は生物の授業で顕微鏡で見たり、あるいは本などで見たことがあると思う。

じつは、テロメアの末端を短縮から守るタンパク質が、一九八五年、「テトラヒメナ」と呼ばれる生物から発見されたのだ。この生物は、ゾウリムシと同じ仲間である「繊毛虫類（せんもうちゅう）」に属する単細胞生物である。

繊毛虫類には核が二つある。「大核」と「小核」と呼ばれるものであるが、じつは繊毛虫には、大核に遺伝子をたくさんコピーして保持しておき、ここでその遺伝子を活発に発現させるという性質がある（図5‐5）。

そのため、大核にはサイズの小さいDNAがたくさんあり、それにともなってテロメア領域もたくさん存在している。

テトラヒメナは、（そしておそらくすべての繊毛虫類は）このテロメアが短くならないよう、特殊なタンパク質をつくり出しているらしいのである。

そのタンパク質を世界で最初に発見したのは、米国のキャロル・グライダー博士の研究グループであった。それを純粋にとり出すことに成功したのが一九八五年で、このタンパク質は「テロメアを伸ばす酵素」という意味で「テロメラーゼ」と命名された。

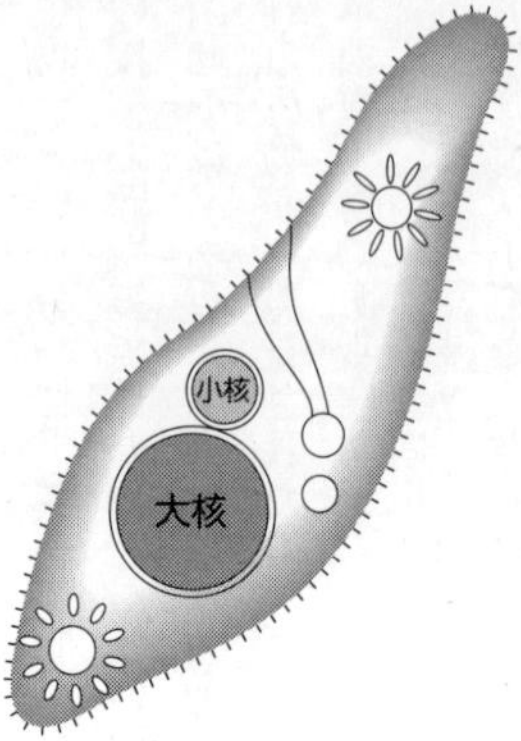

図5‐5　大核と小核

それ以降、私たち哺乳類でもテロメラーゼが見つかり、その構造ならびに作用機序は、多くの研究者の努力により徐々に明らかになりつつある。

それではテロメラーゼは、どのようにしてテロメアが短くならないようにしているのだろうか。

キメラな分子

免疫学の実験の一つに、ニワトリとウズラの「キメラ」を作製した有名な実験がある。「キメラ」とは、ギリシャ神話に登場する怪物「キマイラ」に由来する名称である。キマイラは、山羊の胴体と蛇の尾、そしてライオンの頭をもつ異種動物の混合体で、天馬ペーガソスにまたがった英雄ベレロフォンにより退治されてしまう。日本では、平安時代末期に源頼政によって退治されたと伝えられる「ぬえ」が、キメラの怪物として有名だ。

絹谷政江博士（現・愛媛大学教授）らは一九八五年、ニワトリとウズラを発生生物学の手法を用いて融合させ、ウズラの羽をもったニワトリを誕生させることに成功したのだが、これはあくまでも免疫学の研究過程でつくり出されたものであり、自然界で誕生することはない。ところが自然界でも、分子レベルにおいては「キメラ」は存在する。いやむしろ、分子の世界はキメラだらけ、といっても過言ではないのである。

生物の体を構成する大きな物質（生体高分子）は、タンパク質、脂質、糖質、核酸に大きく分類される。さらに核酸はDNAとRNAに分けられる。これらの生体高分子は、それぞれが異なる役割をもっているが、時としてこれらの一部が結合し、「キメラ」な生体高分子として役割を果たしている場合がある（図5－6）。たとえば細胞膜には、糖とタンパク質が結合した「糖タンパク質」がたくさん存在し、細胞の外と内との情報伝達や細胞間接着など、細胞が生きていく

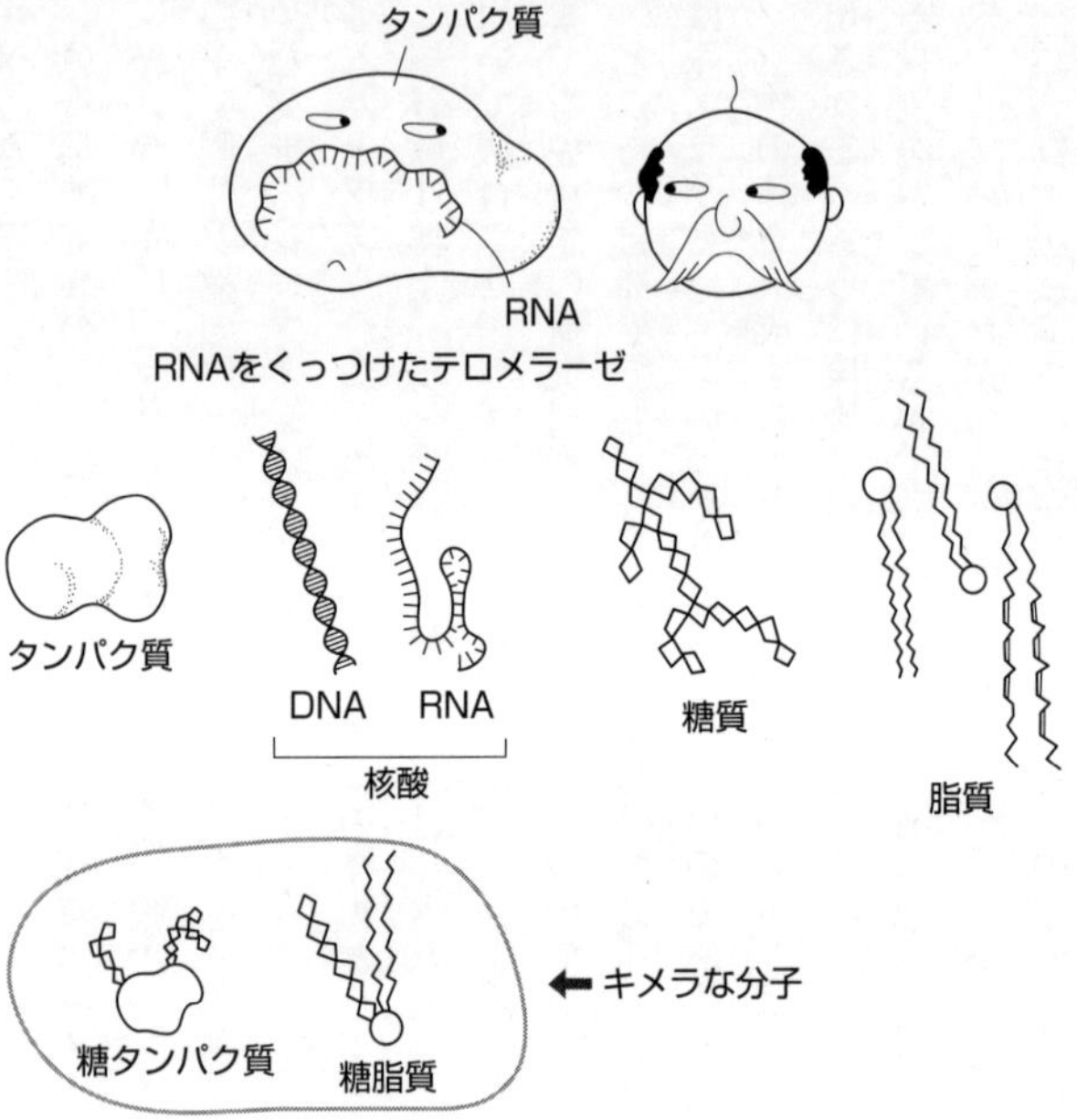

図5-6　キメラな分子

うえで重要な役割を果たしている。

テロメラーゼもじつは、タンパク質とＲＮＡが結合したキメラな分子だ。そしてこのＲＮＡこそが、テロメラーゼの最大の特徴であり、かつ最も重要な部分なのである。

定規をもち歩くテロメラーゼ

テロメア領域は、じつは六つの塩基配列、ＴＴＡＧＧＧの長大なくり返し配列（リピート）なのである。これを「テロメア・リピート」と呼んでいる。

すなわち塩基配列は、末端へ向

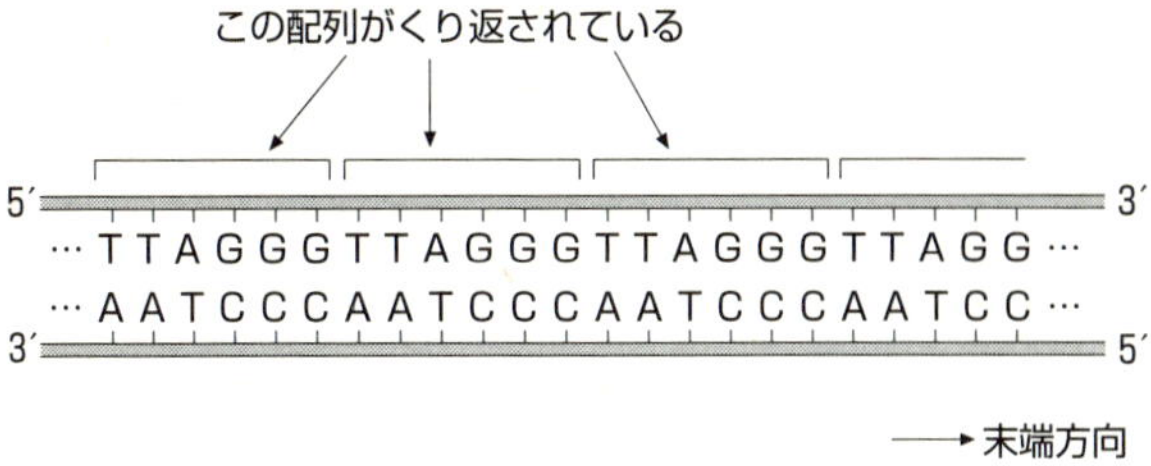

図5-7　テロメア・リピート

けてTTAGGGTTAGGGTTAGGG……という具合に並んでおり、もう一方のDNA鎖は、末端へ向けてAATCCCAATCCCAATCCC……という具合に並んでいる（図5-7）。複製されるとき、リーディング鎖として複製されるのがAATCCCのほうであり、ラギング鎖として複製されるのがTTAGGGのほうだ。

さて、テロメアが短くならないようにするためには、DNA複製後に短くなった末端部分を伸ばしてやればいい。たしかにその通りだが、では実際にはどうするのだろうか？

定規を使って紙に直線を引くことを思い浮かべていただきたい。手元に一〇センチメートル程度の短い定規しかなく、それを使って一メートルの直線を引かなければならない、とする。

まず一〇センチメートルの直線を引く。次に定規をずらして、引いた直線の次の位置に添えるようにし、また一〇センチメートルの直線を引く。再び定規をずらして……という具合にすれば、最終的に一メートルの直線を引くことができる。

じつはテロメラーゼがもっているRNAは、この「定規」のような役割をするのである。テロメラーゼのRNAの塩基配列は、テロメア・リピートを構成する六つの塩基配列、TTAGGGとペアを形成できる配列となっている。つまりRNAの一部にAAUCCCという配列があるのだ（正確にはCAAUCCCAAUC）。

このことは、テロメラーゼのもつRNAを鋳型とすれば、そこに新たにTTAGGG配列をつくることができるということを意味している（DNAとRNAの最大の違いは、DNAの塩基の一つチミン（T）がRNAではウラシル（U）になっているということである。両方ともAとペアリングすることができる）。

図5-8をごらんいただきたい。

まずテロメラーゼは、テロメアの末端に結合し、自分がもっているRNAの一部をテロメア末端の配列に結合させる。要するに定規をあてがうのである（①）。

次にテロメラーゼは、あてがわれたRNAを鋳型として、テロメア末端に新たな塩基（GGTTAG）を付加する（②）。

新たな塩基を付加したテロメラーゼは末端側へと移動し、そこにまた新たな塩基を付加する。これを何回かくり返すことで（③）、テロメア末端は、岡崎フラグメントが一本まるごと新たに合成できるほど伸長する（④）。

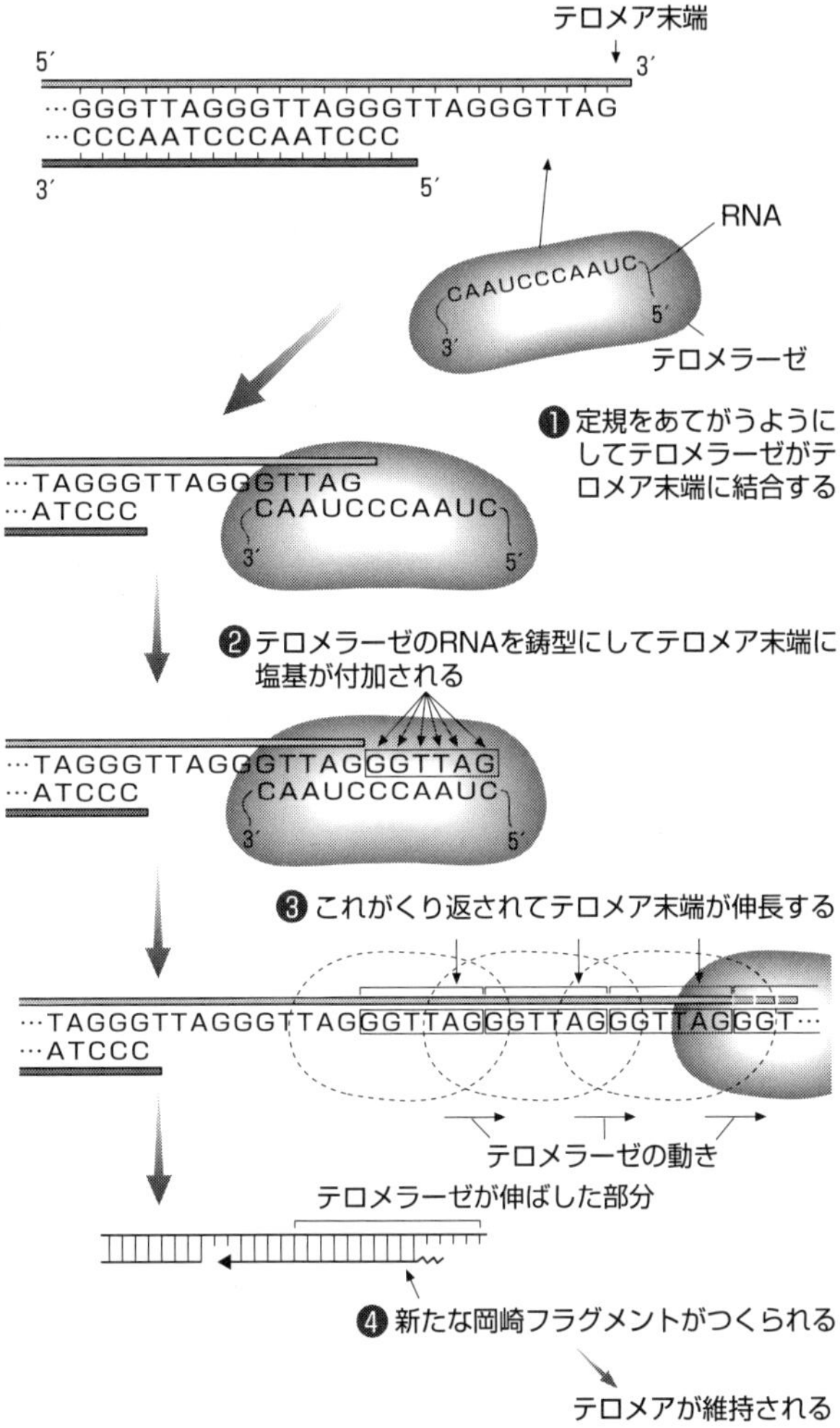
テロメア末端
5′
3′
…GGGTTAGGGTTAGGGTTAGGGTTAG
…CCCAATCCCAATCCC
3′
5′
RNA
CAAUCCCAAUC
5′
3′
テロメラーゼ
❶定規をあてがうようにしてテロメラーゼがテロメア末端に結合する
…TAGGGTTAGGGTTAG
…ATCCC
CAAUCCCAAUC
3′
5′
❷テロメラーゼのRNAを鋳型にしてテロメア末端に塩基が付加される
…TAGGGTTAGGGTTAGGGTTAG
…ATCCC
CAAUCCCAAUC
3′
5′
❸これがくり返されてテロメア末端が伸長する
…TAGGGTTAGGGTTAGGGTTAGGGTTAGGGTTAGGGT…
…ATCCC
テロメラーゼの動き
テロメラーゼが伸ばした部分
❹新たな岡崎フラグメントがつくられる
テロメアが維持される

図5-8　テロメラーゼによる付加反応

こうしてテロメラーゼは、DNA複製が行われてもテロメアが短くならないよう、維持することができるのである。まさにこのテロメラーゼによる付加反応は、ちょっとずつ定規をあてて直線を引くようなものであり、テロメアがリピート配列であるからこそ可能であることがわかる(図5-8)。

ところで、DNA上の遺伝子はメッセンジャーRNAと呼ばれる分子に写しとられた後、タンパク質へと翻訳される(図1-4)。このDNAからRNAへの写しとりを「転写」と呼んでおり、その逆のパターンを「逆転写」と呼ぶ。

DNAを新たに合成できるという点で、テロメラーゼも一応DNAポリメラーゼの仲間なのだと思われるが、その性質は「RNAを鋳型にしてDNAを合成する」というものであるから、どちらかといえば「逆転写酵素」と呼ばれる仲間に入ると考えられている。

テロメアと不死性

テロメラーゼが短くなったテロメアを伸ばさなければならない理由。

それは、テロメアが短くなっていくことが、細胞の老化、ひいては死をもたらす原因の一つだからである。

テロメラーゼがはたらくことでテロメアの適度な長さと、それによる三次元的な構造(次項参照照のこと）が維持され、その結果細胞は老化しない、つまり「不死性」を獲得することができると考えられている。

たとえば、不死性を獲得した細胞の中で最も有名なのが「がん細胞」である。がん細胞は、宿主が死なない限り、半永久的に分裂、増殖をくり返すことができる。その最も顕著な例が、世界中の実験室で使われている「ヒーラ細胞」と呼ばれるものである。五〇年も前にがんで亡くなった米国人の女性から採取されたもので、現在までに何回分裂したか、おそらくもうだれも知るまい。

ほとんどのがん細胞では、テロメア末端の短縮による老化を防ぐためにテロメラーゼが発現し、活発にはたらいていることが知られている。

一方、がんが発生する母体、すなわち肝臓、肺、腎臓、膵臓といった臓器の細胞では、もはやテロメラーゼは発現していない。したがって私たちの体のほとんどの細胞は、DNA複製のたびにテロメアが短くなっていく。これが老化の大きな原因なのではないか、というわけだ。

このふだんは発現していないテロメラーゼを、がん細胞は強制的に発現させ、自らの命を保つことができるのである。だから私たちほとんどの多細胞生物は老化して死ぬが、がん細胞はほぼ永遠に生き続けることができる。

なお、私たちの体の中でも、生殖細胞だけにはテロメラーゼが多く発現していることが知られている。

このように、テロメラーゼはがん細胞の最大の武器として威力を発揮しているわけだが、じつはテロメラーゼが「ない」にもかかわらず、不死性を獲得したがん細胞があることも知られている。こうしたがん細胞は、テロメラーゼに頼る以外の方法でテロメアの維持を行っていると考えられており、そのメカニズムの解明は、研究者のあいだでホットなテーマとなっている。

テロメア・ループ構造

大相撲の関取にとって、「大銀杏（おおいちょう）」は関取としてのステータス・シンボルである。髪を長く伸ばし、それを「床山（とこやま）」と呼ばれる人たちが丁寧に梳（す）き、油をつけ、みごとな銀杏の形に仕上げる。仕切りを続ける力士たちの頭には、それぞれの個性を際立たせるかのように、微妙に形の異なるさまざまな銀杏の葉が、大きく開いて相手の力士を威嚇するかのように乗っている。もちろんこれは伝統美の体現であり、かつ頭を保護する実利的な意味合いもある。

ところがときどき、この大銀杏が結えずに土俵にあがっている力士を見かけることがある。おそらく理由は二つある。一つは、学生相撲出身の力士などでときおり見られるが、その実力から出世が早く、大銀杏が結える長さにまで髪が伸びる前に関取になってしまう場合。

そしてもう一つは、これは筆者にとっても他人事ではないが、髪が薄くなってしまって、大銀杏が結えるほどのボリュームがなくなってしまう場合である。

別に大銀杏が結えないから相撲がとれないわけではないだろうが、美意識を大切にする日本の伝統にとっては、マイナス要素となることは否めない。

テロメア末端は、DNA複製が不完全なまま終了することで、TTAGGGリピートのほうが一本鎖DNAのまま残ってしまう。この部分を「一本鎖G鎖」と呼んでいる。この部分は、テロメラーゼが短くなったテロメア末端を元の長さに戻したときにも、一本鎖のまま残る部分である。

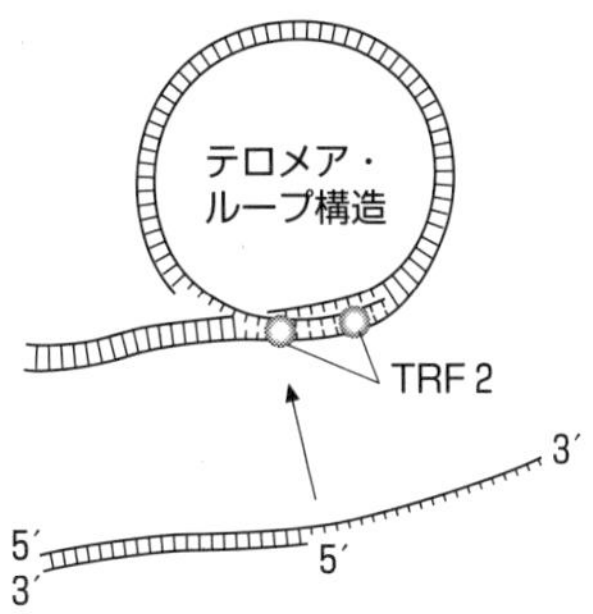

図5-9　TRF 2がテロメアの構造を正常に保っている

一本鎖G鎖は、ただ裸のままふよふよと糸ミミズのように漂っているわけではない。じつはぐるっと一回転し、二本鎖の部分に顔を突っ込むように存在していると考えられている。これを「テロメア・ループ」と呼んでいる（図5-9）。

じつはこのループ構造が、細胞の状態を大きく左右していることが最近わかってきた。

ループを形成するのに重要なタンパク質の一つに「TRF2」と呼ばれるタンパク質がある。二〇〇二年、米国ロックフェラー大学のティティア・デランゲ博士のグループは、TRF2を欠損させた細胞では、テロメアの長さは短くなっていないにもかかわらず、老化に似た症状を呈することを発見した。

つまり、細胞の老化はテロメアの長さではなく、テロメア・ループの構造が正常かどうかによって左右されていることがわかったのである。

現在では、DNA複製がたくさん行われてテロメアの長さが短くなっていくとともに、テロメア・ループを形成するテロメア末端の一本鎖G鎖の部分も徐々に短くなっていき、その結果テロメア・ループが正常にできなくなり、細胞が老化するのではないか、と考えられるようになっている。

髪がなくなって大銀杏が結えないのと同じように、短くなったDNAもループをつくることができなくなるのだ。

DNAを最後まで複製できなくても、その残された一本鎖G鎖をうまく活用し、私たちの細胞は生きてきたのだが、テロメア・ループ構造の破綻(はたん)が果たしてどのように細胞の老化を引き起こしているのか、詳しいことはほとんどわかっていない。

今後の研究に期待がかかる。

残された謎・その四

さて、DNA複製の終了に関わる三つの謎についてお話ししてきた。「終わり方」がいかに単純ではなく、複雑な問題を抱えているか、かつ、いかにそれらが未解決のまま残されているかをおわかりいただけたと思う。

長かったDNA複製の話もこれで終わりか、と思われたことだろうが、ところがどっこい、そうは問屋が卸さない。

DNA複製が終了し、みごとヒーローであるDNAが二倍に増えた。これで細胞が分裂するための最も重要な準備は整った。ヒーローはこのまま次の世代へと突き進んでいく。まさにハッピーエンドである。だがちょっと待って、ヒロインはどうなった?

そう、残された謎の四番目は、DNA複製終了後、これを担ってきたタンパク質、ヒロインことDNAポリメラーゼがどのような運命をたどるのか、ということである。最後を締めくくるのにふさわしいハッピーエンドが果たして待っているかどうか、本を読む目も疲れてきたと思うが、とりあえずもう少しの辛抱をお願いしたい。

ユビキタスな死神

「ユビキタス」という言葉が最近流行っていると聞く。果たして何のことだろうか。ユビキタス、指来す？

冗談はともかくとして、「ユビキタス ubiquitous」とは英語で、「どこにでもある」というような意味である。われわれ分子生物学者は研究上頻繁にこの言葉を聞くし、かつ頻繁に用いている。たとえば、「このタンパク質は細胞内にユビキタスに存在している」といった具合である。

さて、この言葉を語源とする物質がある。「ユビキチン」と呼ばれる七六個のアミノ酸からなる小さなタンパク質だ。その名の通り、まさに細胞の中のどこにでもあるといっても過言ではないほど、あちらこちらに存在する物質である。

この物質が、あるタンパク質にいくつもつながってくっつくと、ターゲットになったタンパク質は分解されてしまうことが知られている。

実際は、ユビキチンそのものがタンパク質を分解するのではなく、ユビキチンがくっついたタンパク質を、「タンパク質分解酵素」が認識して分解してしまうのである。タンパク質にとって、ユビキチンはまるで「死神」である。

余談だが、この死神にはタンパク質の分解を誘導するだけではない、重要なはたらきがあることが近年わかってきた。

たとえば、DNAポリメラーゼ三姉妹がDNA損傷部位にさしかかると、即座に損傷乗り越え型DNAポリメラーゼが現れて三姉妹と交代し、損傷部位を乗り越えてくれるということを覚えておられるだろう（第3章109ページ参照のこと）。

このとき、立ち止まった複製複合体の一部であるPCNA（別名スライディング・クランプ）にユビキチンが一つだけ結合することが引き金となり、交代が起こるのではないかと考えられているのである。

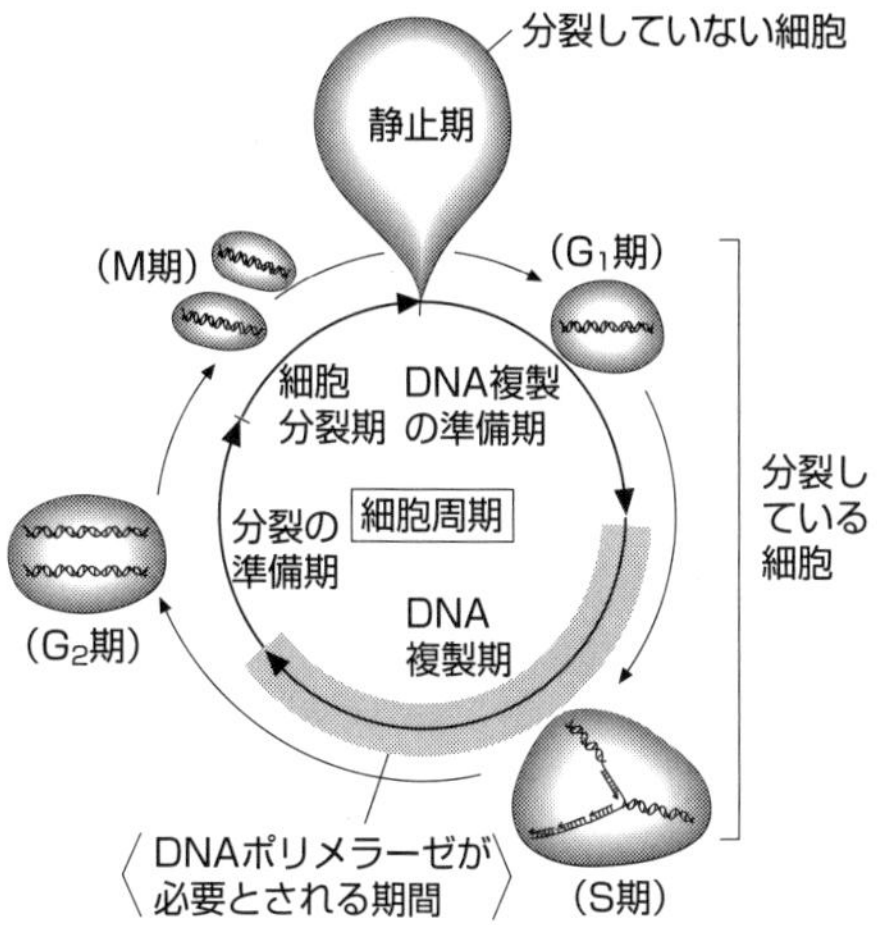

図5-10 細胞周期

ヒロインはいずこへ？

死神ユビキチンは、役割を終えたタンパク質に無慈悲にもその大きな鎌を振り下ろす。DNA複製を終えたDNAポリメラーゼもあえなくそのターゲットとなり、分解されてしまうと考えられるが、じつをいうとあまりよくわかっていないのである。

細胞が一回分裂するサイクルのことを「細胞

周期」と呼ぶ。分裂をどんどん行っている細胞では、DNA複製の準備期（G_1期）、DNA複製期（S期）、分裂の準備期（G_2期）、そして細胞分裂期（M期）の四つの段階が一つの周期として何回もくり返されていく（図5-10）。

本書のヒロイン、DNAポリメラーゼ三姉妹が活躍するのは、その名の通り「DNA複製期（S期）」である。したがって、基本的にはS期の細胞にだけあればいいはずだ。ところが不思議なことに、S期が終わっても、DNAポリメラーゼ三姉妹は「死なない」のである。

主役は死なない

英国の作家サー・アーサー・コナン＝ドイルが、シャーロック・ホームズをライヘンバッハの滝へ落として殺してしまったところ、愛読者からの抗議、嘆願が相次いだことで、ホームズは滝に落ちて死んだのではなく、死んだと思わせてじつは外国で生きていたということに改めた逸話は有名である。

ヒーローやヒロインは、読者や観客にとって永遠である。いや永遠の命をもっていなければならない貴重な存在だ。その通り、本書のヒロインDNAポリメラーゼも、DNA複製が終わっても死なず、生き続けている可能性があるのだ。

ここで、DNA複製をとり巻く環境に目を向けてみよう。

分裂する細胞には、二つのパターンがある。一つは、たった一回だけ分裂し、あとは静止期（分裂せず、細胞としての機能を果たしている状態）に入ってしまう細胞。いま一つは、くり返しくり返し何度も分裂する細胞である。

実際の生体内では、一回の分裂だけで終わってしまう細胞はほとんどないと思われるが、実験室の培養フラスコレベルではよくあることだ。

もしDNAポリメラーゼが、一回複製を完了するたびにユビキタスな死神にとらえられ分解されてしまったのでは、くり返し分裂する細胞にとってはそのたびにDNAポリメラーゼを遺伝子からつくりなおさなければならず、かなりの負担となるはずだ。

一度使ったDNAポリメラーゼをもう一度利用できれば都合がいいのは、リサイクル社会を迎えつつある私たちにも容易に理解できる。

第1章30ページで「基本的に」を強調したのは、活発に分裂増殖をくり返している細胞では、DNAポリメラーゼもリサイクルされている可能性があるからだ。

一分子一分子を見ていくと、タンパク質にも寿命があるから、リサイクルされていくうちに分解されていくものもあるだろう。だが、DNAポリメラーゼを集団として見ると、DNA複製が終わっても分解されずに残り、次の回のDNA複製の際に再び活躍しているように思われる。

もちろんこれも、必ずしも一個のDNAポリメラーゼの追跡調査が行われたわけではないので、あくまでも推測に過ぎない。

しかしながら、DNA複製が終わってもなお、DNAポリメラーゼが相変わらず分解されずに居残っているという現象は、すでに多くの研究者によって観察されている事実でもあるのだ。

また会う日まで

DNAポリメラーゼαは四つのサブユニットからできている（第2章54ページ参照のこと）。この四つの中に、ポリメラーゼ反応を行ういちばん大きなポリメラーゼ・サブユニットと、RNAプライマーを合成するプライマーゼ・サブユニットがある。

DNA複製を行っているあいだ、四つのサブユニットは常に一緒に行動するのだが、複製終了後は果たしてどうなるのだろうか。

東京理科大学理工学部の坂口謙吾博士の研究グループは、担子菌類（キノコの仲間）のDNAポリメラーゼαが、DNA複製が終わり、引き続いて細胞が減数分裂をする際に、DNAの近くに居残っていることを見つけた。

さらに興味深いことに、減数分裂時にはDNAポリメラーゼαのポリメラーゼ・サブユニットとプライマーゼ・サブユニットが必ずしもいつも行動をともにしないことを、蛍光顕微鏡を使った実験で明らかにした。

減数分裂の段階では、もはやDNA複製は行われていないわけだから、必ずしもポリメラーゼ・サブユニットとプライマーゼ・サブユニットが一緒に行動する必要はないはずだが、だからといって、減数分裂時にもし何の活性もないのであれば、あえて別々に行動することもあるまい。

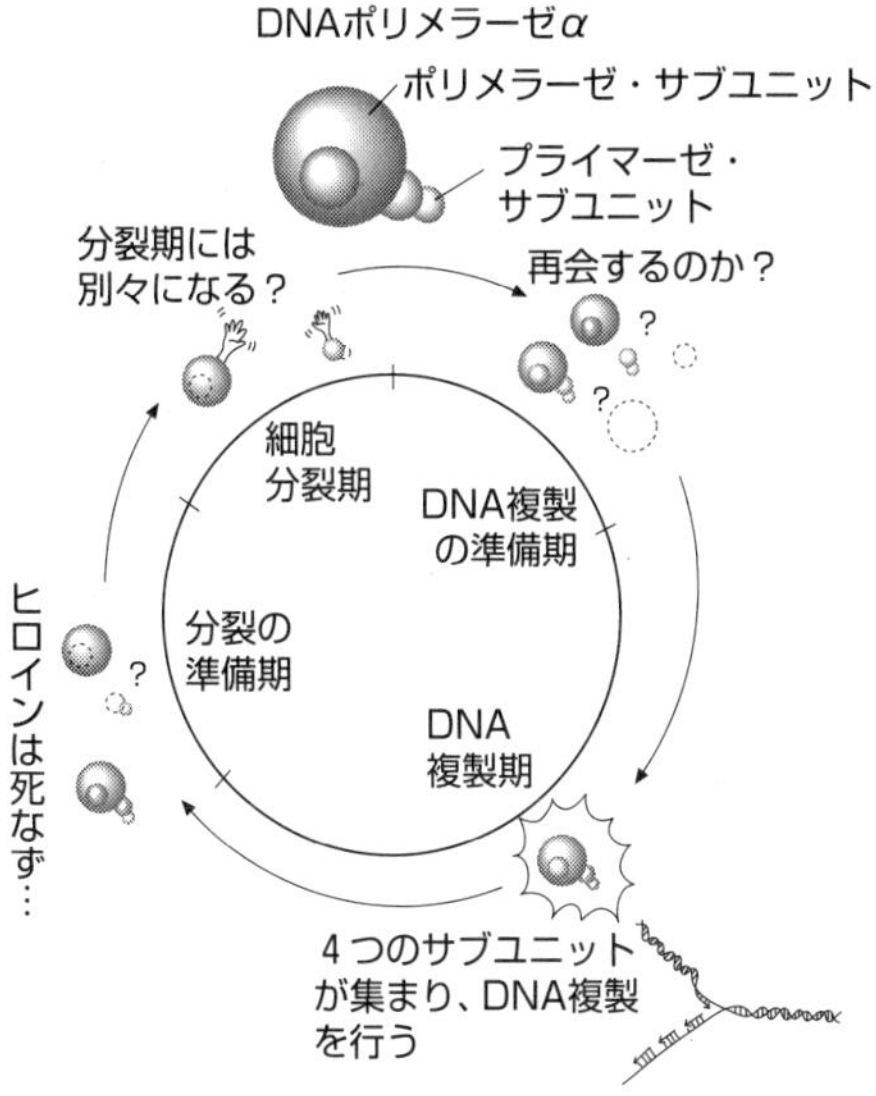

図5-11 DNAポリメラーゼαの別離

要するに、二つのサブユニットが別々に行動することに、何らかの生物学的意味があるかもしれないのだが、残念ながらこの謎はまだ解明されていない。

DNAポリメラーゼαのそれぞれのサブユニットに関しては、他にも興味深い観察がなされている。

たとえば、前出の水野武さんら（理化学研究所）は、二番目に大きなサブユニット（第2章で「牽引車」ではないかと思われたサブユニット）が、単独で細胞内に非常にたくさん存在していることを実験で確かめた。

このサブユニットには、今のところ単独で何かをするというような機能は見つかっていない。それならば、大量に単独で存在する理由は一体何なのか、残念ながらその謎は現在でも解明されていない。

DNA複製に際し、一本鎖に分かれたDNAに新しい塩基を次から次へと付加し、新しいDNAを合成するのがDNAポリメラーゼの役割だ。

だが、果たして本当にそれだけが、DNAポリメラーゼに与えられた役割なのだろうか。もしかすると、鉛筆のお尻についた消しゴム（エクソヌクレアーゼ）のように、別のまったく異なる役割を果たす部分が、じつはDNAポリメラーゼのどこかに眠っていて、私たちはまだそれを発見できていないだけなのではないだろうか？

右手を西海へ、左手を東海へ、そして頭を南海へ飛ばすという中国古代の伝説「解形之民」（図2－1）。その風俗は謎に包まれているが、サブユニット構造を自らばらばらに分解する（かもしれない）DNAポリメラーゼαの性質も、いまだに謎を数多く残している。

ばらばらになったサブユニットは、果たして再びDNA複製の際に「再会」するのだろうか。それとも途中で分解され、新たにつくられたサブユニットが再会を果たすのだろうか（図5－11）。

二一世紀を迎えてもなお、それすらわかっていないのである。

第6章

複製外伝

～いろいろな複製様式～

さまざまな複製システム

テニスコートほどの荒れ地の草刈りをする場合を考えてみよう。

荒れ地には一面に同じくらいの高さの草がびっしりと生えている。草刈り機でも鎌でもよいが、あなたならどのように草を刈っていくだろうか。

いちばん手前の一辺から始めて、徐々に向こう側へ向かって敷きつめたレンガをはがすように刈っていく人もいれば、周囲をぐるっと刈り、渦を巻くようにして徐々に内側へ向かって草を刈っていく人もいるだろう。中には、順番などどうでもよく、ただただ手あたり次第に刈っていく人もいるに違いない。

このように、目的はまったく同じでもその方法は十人十色、というような事例は他にも数多くある。

本書では、一貫して真核生物のDNA複製についてお話ししてきたが、当然のことながらこの地球上には真核生物以外の生物も存在している。こうした生物においては、「DNAを複製する」という目的では私たち真核生物と一致しているが、その方法はじつにさまざま、すなわち複製のしかたのパターンが違うのである。

本章「複製外伝」では、そうした生物（あるいは生物ではない？もの）たちのさまざまな複製方法について紹介し、本書の結びとしたい。

二個でワンセット

同じものが二個くっついて、お互いに協調しつつ一つの仕事をする。このような例は枚挙に暇（いとま）がないと思われるが、大腸菌のDNA複製ほど完璧なシステムとなったものはおそらく他にはないだろう。

大腸菌は、「真正細菌」と呼ばれる生物の仲間に分類される。アーサー・コーンバーグが世界で最初にDNAポリメラーゼを発見したのが大腸菌だった（第1章20ページ参照のこと）ことからもわかる通り、大腸菌におけるDNA複製の研究は、私たち真核生物のそれよりはるかに進んでいる。

さて、大腸菌のDNAを複製するのは「DNAポリメラーゼⅢホロ酵素」と呼ばれる大きなタンパク質の複合体である。DNAポリメラーゼⅢは、私たち真核生物のDNAポリメラーゼα（アルファ）よりもはるかにたくさんのサブユニットからできている大きなものだ。その大きな分子がさらにダブルになった状態のものを「DNAポリメラーゼⅢホロ酵素」と呼ぶ（図6-1）。

もうお気づきかもしれないが、この二つくっついたDNAポリメラーゼⅢのそれぞれが、リーディング鎖、ラギング鎖のDNA合成を行うのである。

しかも、私たち真核生物ではDNAポリメラーゼαが最初にちょっとだけDNAを合成した後、DNAポリメラーゼδ（デルタ）（ラギング鎖担当）かDNAポリメラーゼε（イプシロン）（リーディング鎖担当）が

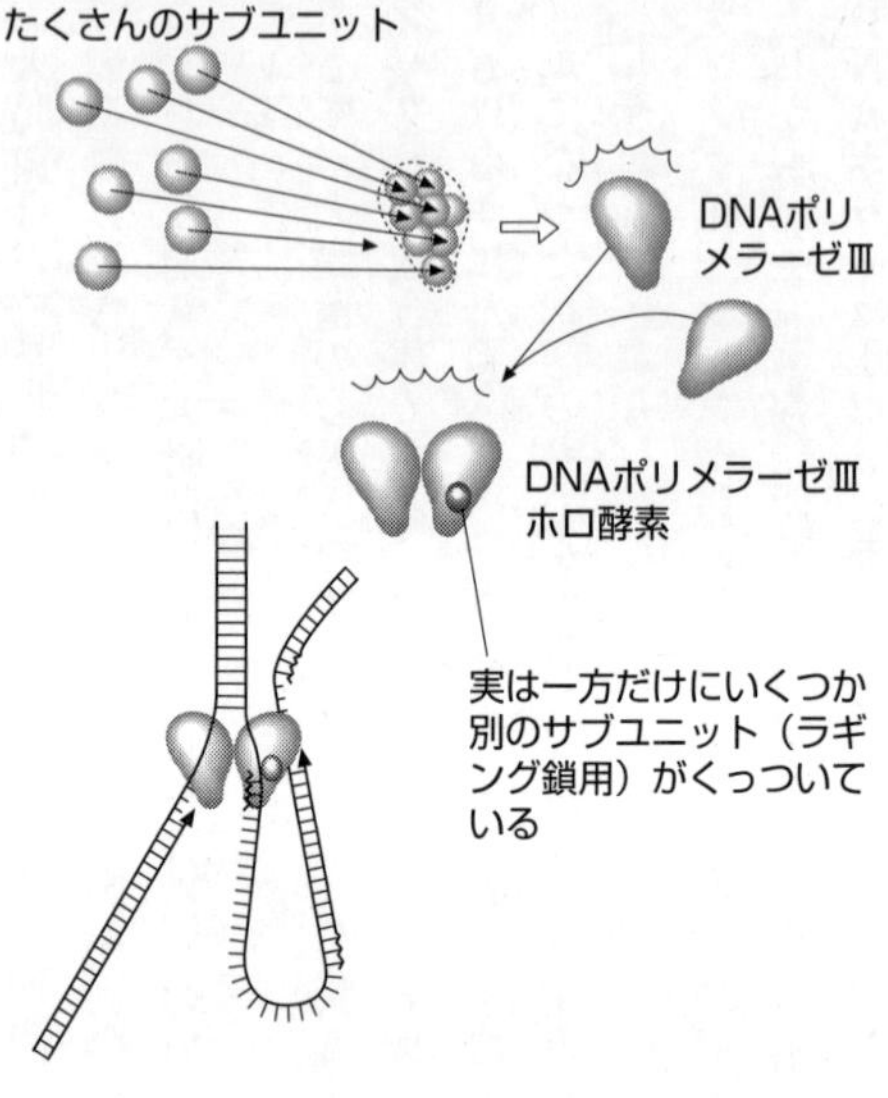

たくさんのサブユニット
DNAポリ
メラーゼⅢ
DNAポリメラーゼⅢ
ホロ酵素
実は一方だけにいくつか
別のサブユニット（ラギ
ング鎖用）がくっついて
いる

図6-1　DNAポリメラーゼⅢホロ酵素

その後を引き継ぐのであったが、大腸菌の場合は、その始終をDNAポリメラーゼⅢが行うのだ。

もっとも私たちとは異なり、大腸菌のDNAは環状で、サイズも小さい（人間のDNAの一〇〇〇分の一程度の長さ）。真核生物のように、わざわざ役割分担してまで三種類ものDNAポリメラーゼを駆使する必要性は、少なくとも大腸菌にはなかったのであろう。

輪の複製

今しがた述べたように、大腸菌を含む細菌のDNAは環状である。つまり、DNA末端（私たちでいうテロメア）のないワッカなのだ。

そして、複製開始点はたった一ヵ所しかなく、ここから両方向に向かって複製が進行し、やがてワッカの反対側でドッキングする。

第5章で述べたように、ドッキングした後DNAポリメラーゼたちがどうなるのかについてはほとんどわかっていないが、おそらく決まった方法により順次DNAから離れていくのであろう。

さて、ワッカのDNA複製には、他にも面白いパターンが存在する。

第一が、第2章で述べたミトコンドリアのDNA複製にみられる「置き換え型複製」と呼ばれるものであり、第二が「ローリングサークル型複製」と呼ばれるものである。

自動皮むき器

あまりいいたとえではないかもしれないが、リンゴの皮をむくことを想像してみていただきたい。

皮むきが上手な人ならば、包丁を入れたところから皮を途中で落とすことなくぐるっと一回りするなど朝飯前、ぐるぐるとむいていって、最終的に皮を一、二センチメートル幅の一本のリボンのようにすることなど簡単であろう。ここではリボンとまではいかなくても、皮を一周だけぐるっとむくことを想像していただきたい。

リンゴの皮と、皮がむかれたリンゴの実の表面をそれぞれ一本鎖のDNAだとすると、置き換え型複製はまず、DNAポリメラーゼを含む複製複合体が、まるで包丁のようにリンゴの皮をむきつつ、リンゴの実の表面を先にぐるっと一周複製する（図6‐2）。

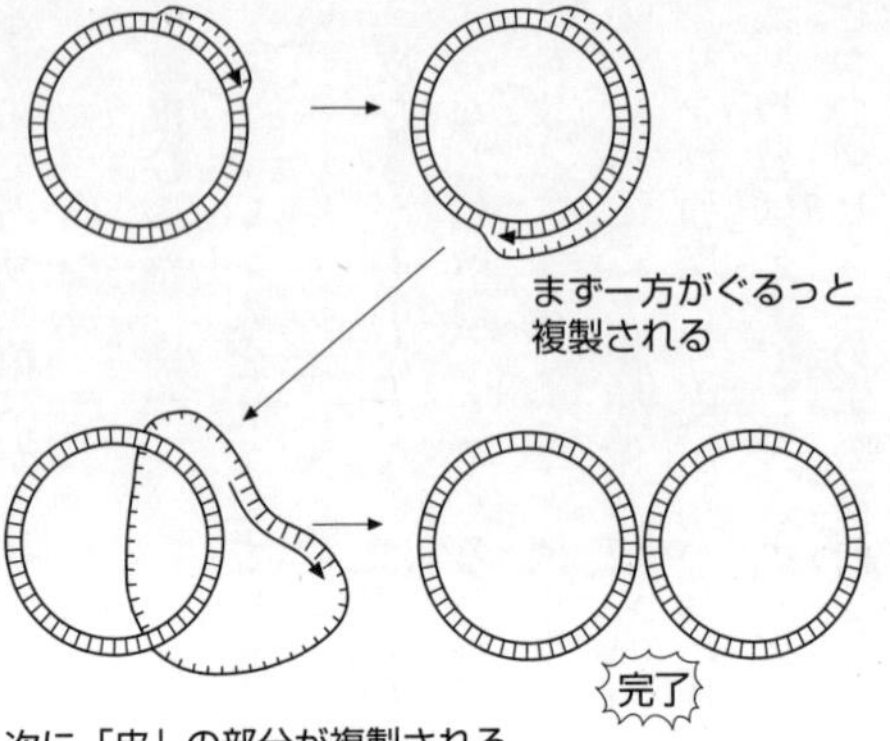
まず一方がぐるっと
複製される
完了
次に「皮」の部分が複製される

図6－2　置き換え型複製

すると、押しのけられたリンゴの皮のワッカが残る。もちろんこちらも、引き続いてぐるっと一周複製されるのである。もっとも、ミトコンドリアＤＮＡ複製では、実の複製途中から皮の複製が始まる。

この複製のよいところは、岡崎フラグメントを合成する必要がない、ということであろう。つまり、最初のリンゴの実の部分も、残った皮の部分も、両方とも断片的な返し縫いのように複製する必要がなく、とてもわかりやすい。

サイズの小さなＤＮＡだからこそ可能な、じつに合理的な複製方法であるといえる。

複製され続けるＤＮＡ

ウイルスと聞くと、エイズウイルスや新型肺炎ウイルスなど、私たち人間に害を及ぼす目に見えない悪魔のようなイメージをおもちの方は多いと思う。

人間の天敵などという人もいるであろうが、ウイルスは人間だけに感染するものではない。人畜共通ウイルスといわれるグループのものは、その名の通り広範囲の動物にも感染するし、タバコモザイクウイルスなどのような植物に感染するウイルスもある。さらに、同じように肉眼では見ることのできない「細菌」にまで感染するものもある。

バクテリオファージと呼ばれるウイルスの一種は、その名の通りバクテリア、すなわち細菌に感染する。バクテリオファージのDNA複製のしかたは、種類によってさまざまであるが、ここではそのうちローリングサークル型複製と呼ばれるものについて紹介しよう。なおウイルスには、遺伝情報をDNAとしてもつものとRNAとしてもつものがあるが、ここではDNAをもつものについて述べる。

図6-3は、λ(ラムダ)ファージと呼ばれるバクテリオファージが、感染した細菌の内部で行うローリングサークル型複製の例である。

λファージのDNAは、ファージの中にあるときは線状なのだが、細菌の内部に注入されると環状すなわちワッカとなる。

まず、ワッカになっているDNAの一部に切り込みが入ると、そこからリンゴの皮をむくように、リーディング鎖の合成がスタートする(DNAが環状になってからここまでのあいだにθ(シータ)構造と呼ばれるステップを経るが、複雑になりすぎるのでここでは割愛する)。

面白いことにリーディング鎖は、一周ぐるっと複製されてもそれで止まることはなく、続けて

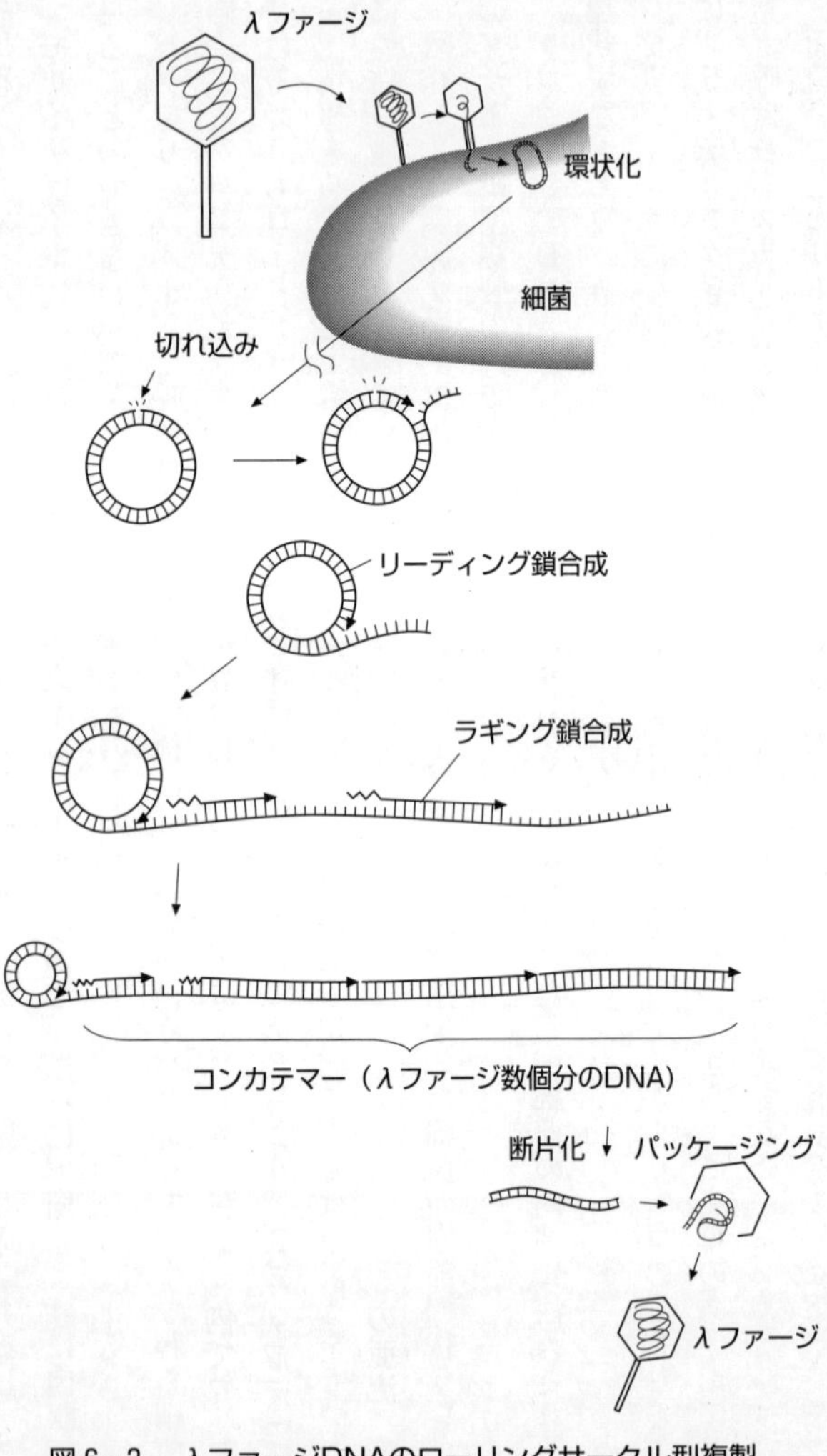

図6-3　λファージDNAのローリングサークル型複製

何周もぐるぐると複製され続ける。同時に、むかれた皮のほうもラギング鎖として、岡崎フラグメントを合成し続ける。

複製され続けた結果、ラギング鎖として合成された長いDNA、すなわちλファージDNAの数個分の長さのDNA（コンカテマーと呼ぶ）ができる。

この長いDNAは、λファージ一個分のDNAに断片化された後、細菌の細胞質内でファージの遺伝子から新たに合成されたタンパク質の頭部にパッケージングされ、成熟したλファージとなって細菌から出ていくのである（図6－3）。

よくよく見ればローリングサークル型複製は、前項で述べた「置き換え型複製」の亜流であるということがわかるだろう。

第2章79ページでも述べたが、私たちの細胞に含まれるミトコンドリアのDNAもローリングサークル型で複製されることが、オーストラリア国立大学のデスモンド・クラークウォーカー教授のグループや、理化学研究所の柴田武彦主任研究員らの研究によって明らかになりつつある。

気の毒な断片を必要としない複製様式

細菌や真核生物のDNA複製では、最初にRNAプライマーが合成され、それを足場にしてDNAポリメラーゼαやDNAポリメラーゼⅢホロ酵素がDNA複製を開始する。

このプライマー、RNAだったことが命とりとなり、最後には用済みとなって捨てられる気の毒な断片であった。

ところが、この気の毒な断片を複製開始時にまったく必要としないDNAが、この地球上に存在するのである。その代表的なものがφ29(ファイ)と呼ばれる、枯草菌(こそうきん)(納豆菌の仲間)に感染するバクテリオファージだ。

このファージのDNAも環状ではなく、私たち真核生物と同じ線状構造をしているが、λファージのように感染後に環状化するわけではない。

私たちのDNAと異なる点は、そのサイズの小ささもさることながら、その5′末端に「gp3」というタンパク質がくっついている点である。もう一方の鎖にも5′末端にgp3が結合しているので、φ29DNAには両端に一つずつgp3が結合している格好になる(図6-4)。

複製はまず、gp3が結合していない3′末端に、新たなgp3が結合することからスタートする。興味深い点は、この新たなgp3が3′末端に結合すると、塩基Aをもつヌクレオチドが一つだけgp3に結合するということだ。

φ29DNAの3′末端の塩基は「T」である。したがってgp3は、鋳型の配列であるその「T」とペアになるように「A」を受けとるのである。ペアとなったAは、そのままDNAポリメラーゼに認識され、複製が開始される(図6-4)。

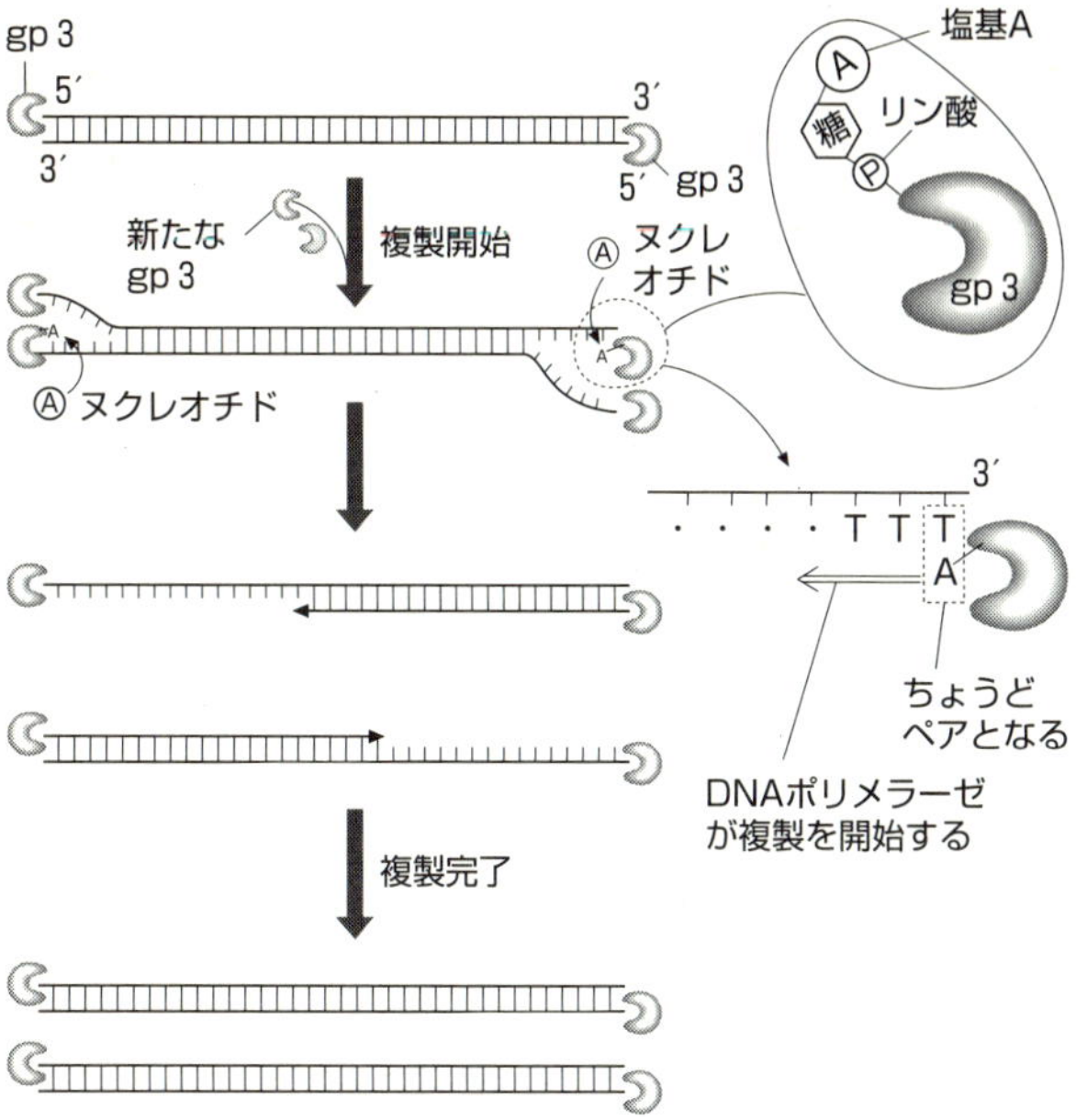

図6-4　プロテイン・プライミング

gp3というタンパク質そのものがプライマーとなり、それが最初の塩基を呼び込むというわけだ。RNAプライマーは必要ないのである。

さらにこの場合、DNAはgp3が結合している両端からそれぞれ複製されるので、不連続なラギング鎖合成も行われない。

このような複製開始反応のことを、研究者は「プロテイン・プライミング（タンパク質による複製開始）」と呼んでいる。私たち人間にも感染するアデノウイルスなど、このような複製開始を行うものが他にも数多く存在していることが知られている。なおアデノウイルスの場合、最初にとり込まれるのはAではなくCである。

DNA複製の来し方

生物は、三八億年前に地球上に誕生し、DNAを遺伝子の担い手として選んで以来、さまざまな方法を編み出してこれを複製し続けてきた。

そもそも、最初は大腸菌のような細菌しか地球上にはいなかった。バクテリオファージがいつの時代から細菌を宿主として繁栄し始めたのか筆者にはわからないが、少なくとも当時は、小さな環状DNAを効率よく複製する置き換え型複製、ローリングサークル型複製がメインであっただろうし、長さの短い線状DNAを効率よく複製するプロテイン・プライミングも、そのときすでに行われていた方法だったのかもしれない。

そんな古きよき時代には、DNAポリメラーゼもたった一種類で事足りていたに違いない。損傷乗り越えは別として、大腸菌が今でもほとんどDNAポリメラーゼⅢのみによりDNA複製を行っているのは、おそらくそれで十分だからである。

細菌の祖先は、あるとき二つの生物界に分岐したと考えられている。それが「真正細菌」と「古細菌」という二つの生物界である。

大腸菌を含む真正細菌のDNAポリメラーゼⅢは、第3章120ページで述べた分類（A、B、C、

D、X、Y)によればC型に属する。ところが古細菌は、真正細菌ではメインに使われなかったB型DNAポリメラーゼを、メインの複製ポリメラーゼとして用い始めた。

古細菌は、私たち真核生物の直接的な祖先であるといわれており、真核生物の複製用DNAポリメラーゼα、δ、εがB型に含まれるというのもその証拠の一つだと考えられる。

分子進化学的解析により導き出された仮説として、真核生物のDNAポリメラーゼ三姉妹は、もともとは「三女」であるDNAポリメラーゼεが原型であり、そこからDNAポリメラーゼαとδが進化してきた、とする説がある（じつはこれとは異なる説を筆者は提唱している）。

あくまでも推測にすぎないが、DNAポリメラーゼが一つから三つへと進化してきたことと、DNAのサイズならびにその形状の進化（単数の環状分子から複数の線状分子へ）がお互いに関わり合いがあるとするならば、DNAポリメラーゼの進化の謎こそが、生物進化の謎を解く鍵となるかもしれない。

DNA複製の行く末

現在の複製システムは、あくまでも進化途上にある一つの中間形態にすぎない。過去にどのような変遷を経て、未来にどのように変容をとげていくのか、その答えはまだ見つかっていない。

例外はあるが、DNAポリメラーゼ三姉妹の長女DNAポリメラーゼαは、すでに消しゴムで

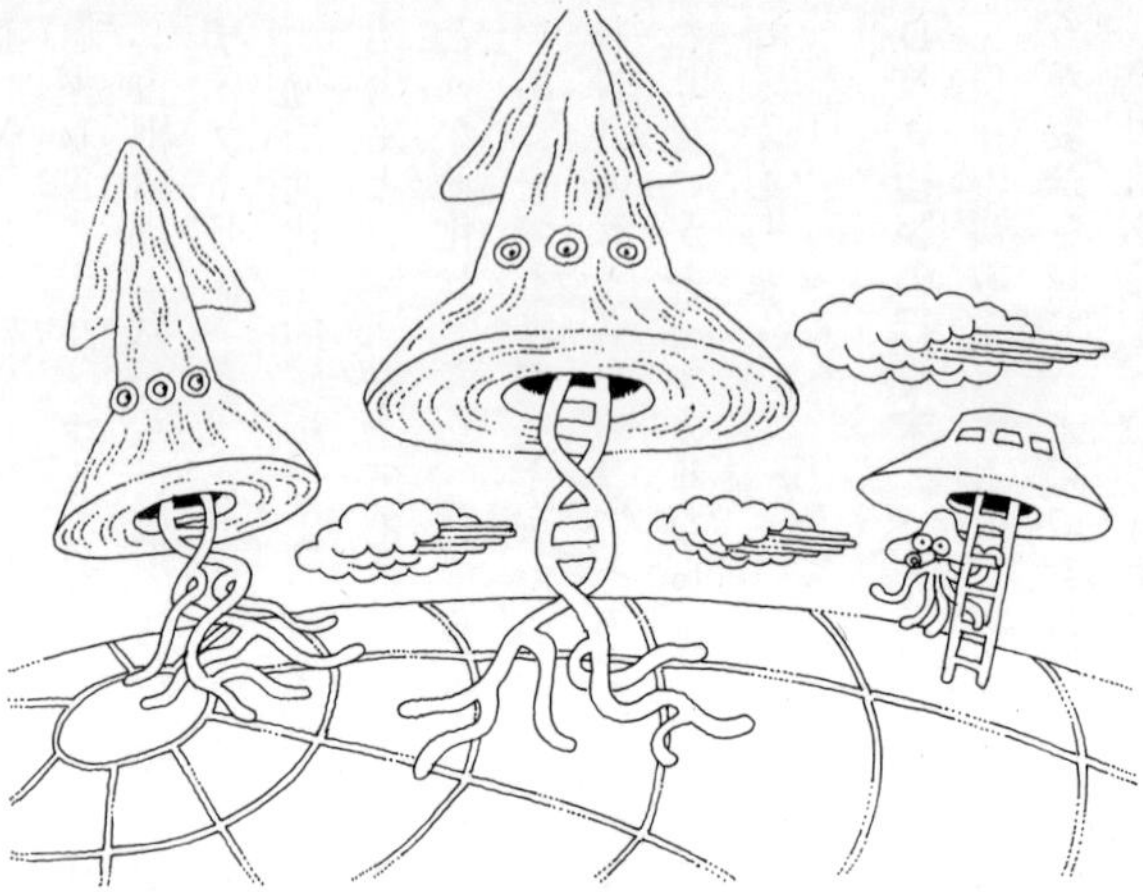

未来のDNA複製システム

ある「エクソヌクレアーゼ」を失ってしまった(第3章90ページ参照のこと)。

一体どうして失ってしまったのか。失ってしまうことに、何か重要な意味でも隠されていたのだろうか。

DNA複製におけるその関与の少なさを考えると、もしかするといずれ「ポリメラーゼ」としての機能すら失ってしまうのではないか、とも考えられる。

もしそうなったとき、DNAポリメラーゼαにくっついていたプライマーゼはどうなるのだろうか。DNAポリメラーゼδや、DNAポリメラーゼεにくっつくことになるのだろうか。いやもしかすると、真核生物にもRNAを必要としないプロテイン・プライミングが再びとり入れられる時代がくるのかもしれない。

これからもおそらく、ＤＮＡ複製システムは進化を続けていくだろう。あっと驚く複製様式が、ひょっとしたら数億年後の地球上を支配しているかもしれない。

人類が滅亡した後の地球では、地上を巨大なイカ、「メガ・スクイド」が八本の足で歩き回っているとする生物学者の予測がある（ディクソン他著『フューチャー・イズ・ワイルド』松井孝典監修、土屋晶子訳、ダイヤモンド社、二〇〇四年より）。

そのとき、この未来の（おそらく）真核生物が、どのようなＤＮＡ複製システムを構築しているのか、想像するだけでも楽しいと感じるのは、果たして筆者だけであろうか。

コラム

ミトコンドリアのＤＮＡポリメラーゼと老化との関係

二〇〇四年五月二七日発行の『ネイチャー』に、ミトコンドリアゲノムの変異と老化との関係について、分子的な裏づけを証明したとする「欠陥のあるミトコンドリアＤＮＡポリメラーゼを発現するマウスの早期老化」と題した論文が掲載された。

論文を発表したスウェーデンとフィンランドの共同研究チームは、ミトコンドリアのＤＮＡ複製をつかさどるタンパク質である「DNAポリメラーゼγ(ガンマ)」のアミノ酸の一部に変異を入れ、本来もっているはずの「3'-5'エクソヌクレアーゼ活性」を欠失させたマウスを作製した。3'-5'エクソヌクレアーゼとは、これまで何度となく登場した、DNAポリメラーゼにくっついている「消しゴム」のことである。

この活性が欠損したマウスでは、通常のマウスよりも早い時期に老化の症状を呈することがわかった。たとえば、正常マウスは六〇週を越えても元気なのに対し、欠損マウスでは四〇週を越える頃からばたばたと死に始める。

体重を測定すると、一五週目くらいにピークを迎え、徐々に減少していくことがわかった。また、この欠損マウスは脾臓が肥大し、心筋細胞には異常な形のミトコンドリアが増え、オスでは精子形成能力が格段に低下していたのである。

一方、ミトコンドリアDNAを解析すると、変異の割合が極端に多くなり、またその一部がなくなってしまう「欠失」が認められた。

要するに、DNAポリメラーゼから消しゴムをとり去ってしまう、すなわち校正機能を欠失させてしまうだけで、精子形成能力の低下などの老化現象が引き起こされることがわかったわけだ。この現象は、老化とがんとの違いこそあれ、第3章で紹介した、エクソヌクレアーゼに変異を入れたDNAポリメラーゼδをもつマウスのほとんどが、がんで死ぬという研究報告と非常によく似ている（第3章95ページ参照のこと）。

　老化がＤＮＡ複製の非常に微妙な部分で抑制されていることがわかる、興味深い実験結果であるといえよう。

おわりに

本書では、DNA複製という、生命現象の基本を担う化学反応に焦点を置きつつ、遺伝子を含めたDNAがいかにしてコピーされるかを、どちらかといえばDNAがいかに不安定なものであるかを強調しつつ、かつ複製「させる」側であるDNAポリメラーゼの振る舞いを中心として、わかりやすく解説することに努めた。

DNAは複製されるが、その様式は非常に不安定であり、一度として完全に複製されることはない。そのことを認識していただけるだけで、私は本書の目的の五〇パーセントは達成できたと思っているが、欲をいえば本書を読んで、三八億年という年月、生物を分子レベルで支えてきた、文字通り「縁の下の力持ち」であるDNAポリメラーゼの研究に身を投じようという若者がたくさん出てくることを切に願っている次第である。

さて、本書で筆者は、真核生物におけるDNA複製の開始からDNAポリメラーゼの性質、そして複製の終了までをなるべく網羅するように努めた。

しかしながら、当然のこととして紙面には限りがある。

本書でとり上げたもの以外にも、たとえば真核生物よりも研究の進んでいる原核生物におけるＤＮＡ複製に関して素晴らしい研究がたくさんあるにもかかわらず、そうした研究を紹介できなかったことにつき、ここで深くお詫び申し上げておきたい。

また、「ＤＮＡ複製がいかに思った以上に不正確で不完全なものか」に重点を置いたため、どうしてもＤＮＡポリメラーゼの作用を中心にせざるを得なかった。

そうしたスタンスのため、ＤＮＡ複製反応になくてはならないさまざまな現象のうち、細胞周期チェックポイントや複製ライセンス、トポイソメラーゼの機能などの複雑な反応や、ＤＮＡポリメラーゼのはたらきそのものとは直接関わらないと考えられる現象、たとえばクロマチン構造の変化、複製関連遺伝子発現のメカニズム、複製時以外で機能するＤＮＡ修復機構などについて、本書では一切とり上げなかったことについても、ここで改めておことわりしておきたい。要請があれば、また別の機会にこれらに関してもお伝えできればと思っている。

原稿の第一読者は、妻、泉であった。彼女は大学、大学院時代に魚類学を専攻していたが、ＤＮＡとは縁遠い仕事をしていた。そこで専門家以外の理系代表という意味で、半ば強制的に原稿を読むように依頼したのだが、非常に的確なレビューをしてくれたし、陳腐な文章を興味を沸き立たせるような展開にまで押し上げることができたのは、ひとえに彼女のサポートのおかげである。

また原稿を書き上げるうえで、専門家を含む多くの方々にご意見をいただき、レビューをお願いした。

筆者の恩師である吉田松年（しょうねん）先生（名古屋大学名誉教授）、同じく恩師である梅川逸人（はやと）先生（三重大学）、現在の上司である山田芳司氏（三重大学）、そして筆者の共同研究者である水野武氏（理化学研究所）には全章にわたってレビュー、ご校正をいただき、また貴重なご意見を頂戴した。

鈴木俊正氏（東京理科大学）には、物理学科所属の学生という生物学とは離れた立場で全章をお読みいただき、ご意見を頂戴した。

また各章についても、第一線で活躍されている研究者にその内容吟味にご協力いただいた。奥村克純氏（三重大学）、花岡文雄氏（大阪大学）、真木寿治氏（奈良先端科学技術大学院大学）、足立弘明氏（名古屋大学）、石川冬木氏（京都大学）、佐倉統（おさむ）氏（東京大学）には丁寧にご校正をいただき、かつ貴重なご意見をいただくことができた。

また細かい記述等に関しては、ヌクレオチドの消化吸収に関して筆者の恩師である古市幸生先生（三重大学）、プロテイン・プライミングに関して松本孝次氏（埼玉大学）、ミスマッチ修復に関して伊豆田俊二氏（熊本大学）、ＤＮＡポリメラーゼの右手モデルに関して鈴木元氏（名古屋大学）、損傷乗り越え型ＤＮＡポリメラーゼに関して村雲芳樹氏（名古屋大学）、減数分裂時におけるＤＮＡポリメラーゼαの挙動に関して坂口謙吾氏（東京理科大学）、デヒドロアルテヌシンに関して共同研究者である水品善之氏（神戸学院大学）、ミトコンドリアＤＮＡ複製に関して柴田武彦氏（理化学研究所）に情報、ご意見、校正等をいただくことができた。

また図版の一部につき、右の鈴木元氏からは三次元モデルのＣＧ画像を、杉村和人氏（三重大学）からは可視化したＤＮＡ複製領域の写真の一部をご提供いただいた。

ご協力いただいた方々に、ここで改めて御礼申し上げる。

なお、ご協力を得られた後に訂正した部分、章を入れ替えた部分も少なからず存在するため、本文中もしくは図版中に重大な誤りがあった場合、それはすべて武村政春本人の責任であるということも、併せて申し上げておきたい。

最後に、両親ならびに妻のご両親と、本書の出版にあたりお世話になった講談社ブルーバックス出版部の堀越俊一氏に、この場を借りて深く感謝する次第である。

平成一七年　春　　　　　　武村　政春

参考図書

本書は、DNA複製についてやさしく噛み砕いた読み物であり、中高生以上の読者を対象としている。しかしながら、真核生物のDNAポリメラーゼを中心に解説してあるので、筆者の研究領域にかなり傾倒した部分もあり、必ずしもDNA複製全般について平均的な知識を得られるわけではない。

原核生物を含めてもっと幅広く、かつ専門的に勉強がしてみたい方、またはこの分野に興味をおもちの方には、より具体的な啓蒙書や専門書がこれまでに出版されているので、ぜひそちらもお読みいただくことをお勧めしたい。

他にも総説集など多くの図書があるが、ここでは代表的なものだけを紹介する。

『それは失敗からはじまった』アーサー・コーンバーグ、新井賢一監訳、羊土社、一九九一年

ノーベル生理学医学賞受賞者による自伝的エッセイである。世界初のDNAポリメラーゼの発見に至ったエピソードと、その後の顚末(てんまつ)が面白い。

『DNA複製とその制御』松影昭夫、東京大学出版会、一九九五年
　本書で紹介することができなかったが、愛知県がんセンターから世界的な成果を発信し続けてこられた松影(まつかげ)昭夫博士の著作である。研究者による発見秘話から実験方法に至るまで、詳しく紹介されている。
『DNA複製・修復と発癌』松影昭夫編、羊土社、一九九六年
　DNA複製制御、修復機構、発がんについてわかりやすく解説した専門書である。基本を押さえるには最適。
『ゲノムの複製と分配』松影昭夫、正井久雄編、シュプリンガー・フェアラーク東京、二〇〇二年
　DNAが複製され、染色体が分配される機構に関する総説集である。専門家を対象としたもので、やや難解。
『真核生物のDNAポリメラーゼ・スーパーファミリー』生化学特集号（74巻3号）、吉田松年、花岡文雄編、日本生化学会、二〇〇二年

筆者の恩師である吉田松年先生と花岡文雄博士編集による、DNAポリメラーゼに焦点を絞った専門家向けの総説集。やや難解。

『DNA複製・修復がわかる』花岡文雄編、羊土社、二〇〇四年

本書を書くにあたって大いに参考にさせていただいた。DNA複製に関する最新情報が満載されている。専門家向けジャーナル「実験医学シリーズ」なのでやや難解。専門家向き。

＜ワ行＞

<マ行>

<ヤ行>

<ラ行>

<ナ行>

<ハ行>

<タ行>

<カ行>

<サ行>

<ア行>

さくいん

<数字・アルファベット>

N.D.C.464.1　220p　18cm

ブルーバックス　B-1477

DNA複製の謎に迫る

正確さといい加減さが共存する不思議ワールド

2005年 4月20日　第1刷発行

著者　武村政春

発行者　野間佐和子

発行所　株式会社講談社

〒112-8001 東京都文京区音羽2-12-21

電話　出版部　03-5395-3524

販売部　03-5395-5817

業務部　03-5395-3615

印刷所　(本文印刷)豊国印刷株式会社

(カバー表紙印刷)信毎書籍印刷株式会社

本文データ制作　株式会社さくら工芸社

製本所　有限会社中澤製本所

定価はカバーに表示してあります。

ISBN4-06-257477-2

発刊のことば

科学をあなたのポケットに

二十世紀最大の特色は、それが科学時代であるということです。科学は日に日に進歩を続け、止まるところを知りません。ひと昔前の夢物語もどんどん現実化しており、今やわれわれの生活のすべてが、科学によってゆり動かされているといっても過言ではないでしょう。

そのような背景を考えれば、学者や学生はもちろん、産業人も、セールスマンも、ジャーナリストも、家庭の主婦も、みんなが科学を知らなければ、時代の流れに逆らうことになるでしょう。

ブルーバックス発刊の意義と必然性はそこにあります。このシリーズは、読む人に科学的に物を考える習慣と、科学的に物を見る目を養っていただくことを最大の目標にしています。そのためには、単に原理や法則の解説に終始するのではなくて、政治や経済など、社会科学や人文科学にも関連させて、広い視野から問題を追究していきます。科学はむずかしいという先入観を改める表現と構成、それも類書にないブルーバックスの特色であると信じます。

一九六三年九月

野間省一

ブルーバックス　生物関係書(I)

582 DNA学のすすめ　柳田充弘
623 細胞を読む　山科正平
676 タンパク質とは何か　藤本大三郎
962 ゴキブリ3億年のひみつ　安富和男
977 森が消えれば海も死ぬ　松永勝彦
1006 アポトーシスの科学　山田 武／大山ハルミ
1032 フィールドガイド・アフリカ野生動物　小倉寛太郎
1047 分子進化学への招待　宮田 隆
1067 屋久島　湯本貴和
1073 へんな虫はすごい虫　安富和男
1108 ここまでわかったイルカとクジラ　村山 司／笠松不二男
1140 ゾウの鼻はなぜ長い　加藤由子
1152 酵素反応のしくみ　藤本大三郎
1197 生物は重力が進化させた　西原克成
1219 すごい虫のゆかいな戦略　安富和男
1241 新しい生物学　第3版　野田春彦／日高敏隆／丸山工作
1248 地球と生命の起源　酒井 均
1255 カエルの不思議発見　松井孝爾
1264 生物の超技術　志村史夫
1277 自己組織化とは何か　都甲 潔／江崎 秀／林 健司
1280 パソコンで見る生物進化(CD-ROM付)　科学シミュレーション研究会

1306 心はどのように遺伝するか　安藤寿康
1341 食べ物としての動物たち　伊藤 宏
1342 Q&A　野菜の全疑問　高橋素子＝著　篠原 温＝監修
1348 新・生物物理の最前線　日本生物物理学会＝編
1357 生命にとって酸素とは何か　小城勝相
1358 内科医からみた動物たち　山倉慎二
1363 新・分子生物学入門　丸山工作
1365 植物はなぜ5000年も生きるのか　鈴木英治
1391 ミトコンドリア・ミステリー　林 純一
1401 生命をあやつるホルモン　日本比較内分泌学会＝編
1409 Q&A　食べる魚の全疑問　高橋素子＝著　成瀬宇平＝監修
1410 新しい発生生物学　木下 圭／浅島 誠
1412 脳とコンピュータはどう違うか　茂木健一郎／田谷文彦
1424 遺伝子時代の基礎知識　東嶋和子
1441 アメリカNIHの生命科学戦略　掛札 堅
1442 温度から見た宇宙・物質・生命　ジノ・セグレ　桜井邦朋＝訳
1449 親子で楽しむ生き物のなぞ　内山裕之
1457 Q&A　ご飯とお米の全疑問　高橋素子＝著　大坪研一＝監修
1462 遺伝子と運命　ピーター・リトル　美宅成樹＝訳